财富自由之路：你的第一本理财书

NIDEDIYIBEN LICAISHU

宋瑞云 / 编著

北京联合出版公司
Beijing United Publishing Co.,Ltd.

图书在版编目（CIP）数据

财富自由之路：你的第一本理财书 / 宋瑞云编著
. —北京 : 北京联合出版公司，2019.8（2023.5 重印）
ISBN 978-7-5596-3352-1

Ⅰ . ①财… Ⅱ . ①宋… Ⅲ . ①财务管理 – 基本知识

Ⅳ . ① TS976.15

中国版本图书馆 CIP 数据核字（2019）第 113718 号

财富自由之路：你的第一本理财书

编　　著：宋瑞云
责任编辑：牛炜征
封面设计：李艾红
责任校对：孟英武
美术编辑：刘欣梅

北京联合出版公司出版
（北京市西城区德外大街 83 号楼 9 层　100088）
河北松源印刷有限公司印刷　新华书店经销
字数 135 千字　880 毫米 ×1230 毫米　1/32　8 印张
2019 年 8 月第 1 版　2023 年 5 月第 9 次印刷
ISBN 978-7-5596-3352-1
定价：36.00 元

前言

在经济快速发展的今天，国家的积累、个人生活的改善、自我价值的体现，都是以财富的增长为衡量标准的，人们可以很清楚地意识到国家经济的发展，并能感受到其发展的速度。每个人都希望过上幸福美满的生活，就非常有必要积累足够的财务基础，但是通货膨胀是吞噬财富的隐秘杀手，它会导致很多人的财富在不知不觉中流失、缩水。比较一下，十年前的100元可以买到什么，而现在的100元又可以买到什么呢?理财和投资是财富有效保值增值的重要手段，是开创个人财富的必由之路。它不是有钱人的专利，而是每一个人必须面对的问题。

“股神”巴菲特就说过：“一个人一生能够积累多少财富，不是取决于你能够赚多少钱，而是取决于你是否能够投资理财。毕竟钱找钱胜过人找钱，要懂得让钱为你工作，而不是你为钱工作。”巴菲特也正是秉持着这种财富理念，以100美元起家，靠着非凡的智慧和理智的头脑，在短短的四十多年间创造了400多亿美元的巨额财富，为世人演绎了一段从平民到世界巨富的投资传奇。

也许你会说：我也投资股票和基金，但我辛辛苦苦赚来的工资却被资本市场“没收”了！这又说明什么问题呢？说明你缺乏投资理财的技能！投资理财是一项具有针对性的工作，要根据你的收入、风险偏好及兴趣爱好进行。如果盲目跟风，最终只会落得血本无归。

本书从理财理念入手，从不同角度对理财和财富进行了解读，不论你是穷人还是富人，只要懂得理财，财富就近在咫尺。接着介绍了如何设计自己的财富自由之路；如何打造投资组合利器，分散规避理财风险；并系统地讲解了债券、股票、基金、黄金、保险等投资理财工具的基本知识以及操作技巧。在每篇文章中加入“经典提示”“理财困惑”“理财智慧”“理财链接”等小版块，针对不同理财工具列举最需要的理财理念和观点，手把手地教读者理财，一旦能够灵活运用这些理财工具，财富增值就指日可待。希望本书能成为初学投资理财人群的重要选择，更期望它能成为希望变得富有、幸福的朋友们的理想选择。

第一章 脑袋决定钱袋，理财先从“理脑”开始

第二章 设计属于自己的财富自由之路

第三章 打造投资组合利器，分散规避理财风险

第四章 玩转储蓄，存下人生的第一桶金

第五章 慧眼识股，选对股票赚大钱

第一章

脑袋决定钱袋，理财先从『理脑』开始

要想获得财富自由，靠工资不如靠理财

经典提示

沃伦·巴菲特说：“一生能积累多少财富，不取决于你能够赚多少钱，而取决于你如何投资理财。”

理财困惑

一个富翁担心自己的一千两黄金会被偷走，就悄悄地把它埋在森林中一块大石头下，隔三岔五地到那里去看一看、摸一摸方才安心。一天，富翁发现黄金被人偷走了，感到非常伤心。一老者经过，问明原因后，对他说：“我有办法帮你把黄金找回来！”于是，老者把那块大石头涂成金黄色，在上面写下了“一千两黄金”。他告诉富翁：“从今天起，你又可以来这里看你的黄金了，而且再也不用担心被人偷走。”富翁听了，半天说不出话来。

理财智慧

上面的富翁何尝不是我们自身的写照。我们每天节省开支，省吃俭用，把能省出的钱原封不动地存进银行。事实上，光知

道攒钱存钱的人，很难能成为一个富人。

专业人士指出，一个人从现在开始每年存1.4万元，并且把每年存下来的钱用于投资理财，假设每年的回报率为20%，那么40年后，按照计算年金的方式，这个人会获得1.0281亿元。

人生致富，选择单纯的工资积累不如放开眼光，选择合适的投资理财手段去创造财富更有效。把金子埋藏在地下，和石头没什么区别。学会投资理财让钱生钱，很可能会从根本上改变你的未来，让你远离贫穷，一生富足。

1. 投资理财威力巨大无比

当前，不管你工资有多少，一年能省下多少钱，如果不投资理财，致富的概率将非常小。相反，投资理财却能让财富平平者变成亿万富翁。李嘉诚靠有效的投资纵身一跃成为亚洲首富。他有一句名言："30岁以前人要靠体力、智力赚钱，30岁之后要靠钱赚钱（投资）。"可见，投资理财威力是巨大的。

2. 人人都可以理财成功

随着经济全球化和中国经济的迅速发展，人们对理财投资已不再陌生。让"钱生钱"已成为大家非常关心的事情。但在投资理财认识上，很多人都觉得那是有钱人或者投资理财专家的事情，与自己无关。其实投资不是有钱人的专利，也没有那样复杂，投资是每一个人都可做到的事。

3. 现在就是理财的最佳时机

无论你的处境是囊中羞涩还是腰缠万贯，现在永远是投资理财的最佳时机。也许有人会说，每月就挣那么点钱，应付日常生活已用得差不多了，哪里还有多余的钱进行投资理财呢？其实，投资不看你钱多钱少，关键是你要开始行动，会理财。即使是第一笔收入或薪水中扣除个人固定开支之后所剩无几，也不要低估微薄小钱的聚敛能力。只要你不断地坚持，小钱一定会变成一笔大钱。

4. 选择适合自己的投资理财方式

理财投资就是一种博弈，一种战斗，只有充分了解自己，根据自己的个性、工作、收入等情况，找到适合自己的理财方式来积累财富，才会更容易获得成功。切不可没有计划，盲目行动，埋下失败的种子。不要害怕失败亏损，只有敢想敢做的投资理财者，才能获取真正的财富。

总而言之，我们完全有理由把投资理财培养成一种习惯。习惯决定性格，性格决定命运。习惯一旦形成，我们财富的命运将在这里转弯。

理财链接

投资理财，是一项魅力无穷的活动。

让钱闲着是一种浪费，让钱奔跑是一种智慧。

先“保”再“增”抵通胀，安全稳健是良方

在投资理财时，花一些必要的金钱和时间来确定其安全性绝不是损失。如果我们知道投进去的钱是安全有保障的，那么心情也会更平静些。

保

为了抵御通胀，我们可以认购一些相对固定、预期收益比较明确的产品，比如货币基金等。

同时配置定投类等抗风险产品，比如股票等，还可以适当增加对公募基金的投资。

增

总之，通胀形势下，理财投资时资产配置不管以哪种方式进行，安全稳健应是主旋律，先“保值”再“增值”定是良方上策。

只有投资理财才能抵御通货膨胀对财富的侵蚀

经典提示

约翰·坎贝尔关于投资理财曾有一句经典论断："投资理财不仅仅是一种行为，更是一种带有哲学意味的东西。"

理财困惑

通常一枚鸡蛋最多也就几毛钱，但是，澳大利亚一枚普通的鸡蛋却有望变成10万澳元（相当于50多万元人民币）。

澳大利亚三名大学生为了募集善款，展开了"一蛋一世界"计划，打算用以物易物的方式实施募集善款行动。

不久，他们就达成了第一笔交易——这枚鸡蛋换成了一张电影《松果头的故事》原声大碟，接着，原声大碟被换成了一副串字游戏，而串字游戏又被换成了一本旅游书，然后旅游书被换成了一部旧数码相机，数码相机又换成了一个闹钟……

几番周折后，他们用那个闹钟竟然换到一辆1988年款的旧汽车。随即，他们将车卖掉，得到约100澳元。经过几轮交换，九个月之后，当初的那枚鸡蛋已经换成了一个已故著名板球明星唐·布拉德曼亲笔签名的板球。接着，他们又将这个板球以 2200 澳元卖给了一名网友，再用得到的钱买到一张肯尼亚 14 天两人游套票。

就这样，经过 15 个月不停交换之后，当初那枚不值什么钱的鸡蛋如今已经换成了一份价值 2200 澳元的肯尼亚 14 天两人游套票，并有望在接下来的交换过程中继续“增值”。并且他们将把巨款捐给澳大利亚的三家慈善机构。

以上三名学生充满智慧的善举是一个多赢的结果。他们在收获财富的同时还赢得了众人的尊敬，值得我们学习。

理财智慧

钱是一种资源，在恰当的人手里，用在适当的地方，就能创造出大于它本身几百倍甚至几千倍的价值。

当今，手上的钱越来越不经用。你不要不相信，现在 1000 元仅相当于三十年前的 30 元。2007 年，中国食品价格上涨 12.3%。2008 年食品价格上涨 14.3%。2009 年世界经济危机横扫全球，中国也是在劫难逃。2010 年食品价格更是涨势迅猛。

安稳守财的时代已成为遥远的历史。据计算，今天的 100 元，在通胀率为 4% 的情况下，相当于十年后的 148 元。如果以年通胀率 5% 计算，今天的 100 万元十年后实际价值将变成 61.39 万元，白白损失了近 40%！三十年后，损失为 77%，100 万元变成了 23.14 万元，近 80 万元白白蒸发！

通货膨胀兵临城下，一步步逼近我们的生活。我们一辈子努力得来的财富如何不缩水已成为大家重点关注的话题。拿什么抵御通货膨胀迫在眉睫。

1. 认识通货膨胀，为财富预铸防护墙

兵家常言“知己知彼，百战不殆”，要想抵御通货膨胀对财富的侵蚀，就必须对这个敌人有比较清楚的认识。在经济学中，通货膨胀是指流通中货币量超过实际需要量而引起的货币贬值、物价上涨的经济现象。自中华人民共和国成立以来，我们已经经历了三次通货膨胀。它们分别发生在1984年、1988年和20世纪90年代前期。无论哪一次通货膨胀都让我们的钱越来越不值钱。因此越早考虑到通货膨胀对资产贬值的影响，越能更好地设计自己的资产配置和理财规划，从而防止财富缩水。

2. 吃透理财产品，让资产插上翅膀

越来越多的人已经认识到财富缩水这一问题的严重性，纷纷开始增加高收益资产的配置。在这方面，储蓄、银行理财、保险是日常经济生活最基本的理财手段，股票、基金、黄金、艺术收藏品等是常碰到的理财产品，它们可以帮助我们在严峻的通胀形式下实现稳定而持续的收入。学习研究它们是每一位现代人的必修课，有效地运用它们可以让我们的资产插上翅膀，实现财富增值。

3. 多方学习，听取信誉良好人的建议

正如爱默生所说，只要充分运用自己的才能并遵循自己的本性，那么每个人生来都是富有的，或者必定会变得富有。在根据自己本性找到合适的投资路径后，初涉投资理财的人依然不能放弃对投资理财的关注和学习。很多杂志、期刊和报纸中的理财专栏，可以为我们提供比较稳妥的理财途径和信息。就像经验丰富的钻石切割专家通过石头的裂痕就能判断出里面有没有宝石一样，那些经手过几百万美元的债券、股票和有价证券的人的投资判断与建议对于我们来说具有一定的参考价值。

理财链接

有钱不置半年闲。

让钱动起来！不再做“负翁”，而要当“富翁”。

把闲钱用于投资是积累财富的最好方法。

复利，怎样造就百万富翁

经典提示

爱因斯坦对复利的评价堪称经典："复利堪称是世界第八大奇迹，它的威力甚至超过了原子弹。"

理财困惑

国王与大臣下棋，大臣获胜。国王为了实现诺言，要满足大臣一个愿望。大臣面对国王的提问说："我没有太大的愿望，只要在棋盘的第一个格子里装 1 粒豆子，第二个格子里装 2 粒，第三个格子里装 4 粒，第四个格子里装 8 粒，以此类推，直到把 64 个格子装完就可以啦。"

国王心中暗喜，认为大臣要求太低了，照此办理。不久，棋盘就装不下了，改用布袋；布袋也不行了，改用推车；推车也不行了，国王粮仓很快要空了，数豆子的人也累昏无数，那格子却像个无底洞，怎么也填不满……这时国王才知道自己上当了。

国王不知道一个东西哪怕基数很小，一旦以几何级倍数增长，最后的结果也会很惊人。

正如富兰克林的一件趣事，1791 年，富兰克林去世前夕，特别捐赠他喜爱的城市波士顿和费城各 5000 美元，要求委托专家以每年 5% 的收益率进行投资，100 年后可取出一半用于公共计划，剩下的继续以 5% 的年利息投资，200 年后才可提领全部的余额。结果，100 年后，两座城市各提领 30 万美元用于公共计划。到了 1991 年，正好 200 年期满，两座城市提领了那笔款项，竟然分别得到了将近 2000 万美元。

理财智慧

上面两个故事都说明“复利效应”的存在。在投资理财中它的力量是巨大无比的。

1. 复利，时间和收益率就是金钱

复利，简单地讲，就是“利上加利”。即一笔存款或投资获得回报之后，再连本带利进行新一轮投资的方法。

本利和＝本金 ×（1 ＋投资收益率）^{n}。其中 n 为投资的时间。

假设投资 1 万元，每年收益率 10%，那么连续 20 年，最后连本带利为 6.73 万元，50 年后为 118 万。这也就是说一个 20 多岁的上班族，投资 1 万元，假设每年增长 10%，到 70 多岁，就能拥有百万元。如果每年回报率更高的话，不到 50 年这个目标就能达到。

收益率对最终的价值数量有重大的作用，收益率的微小差异将使长期价值产生巨大的差异。比如 1000 元的投资，收益率为

10%，45 年后将增值到 72800 元；而同样的 1000 元在收益率为 20% 时，经过 45 年将增值到 3675252 元。这么巨大的差别，足以激起任何一个人的好奇心。

时间的长短将对最终的价值数量产生巨大的影响，时间越长，复利产生的价值增值就越多。同样是 10 万元，按每年增值 24% 计算，如果投资 20 年，到期金额是 738.64 万元；如果投资 30 年，到期金额是 6348.20 万元。可见，时间越长增值越多。

时间和收益率是复利的两翼。投资理财若把握好了这两个方面，最终，复利累进的巨大力量，将会为投资者带来巨额财富。

2. 钱生钱的秘密，复利的“72 法则”

“72”是投资中非常重要的数字，“72 法则”是一个与复利息息相关并且能够实现财富的滚动和增长的法则。

“72 法则”就是以 1% 的复利来计算，经过 72 年以后，本金就会变成原来的两倍。这个法则可以以一推十。比如，投资 30 万元在一只每年平均收益率为 8% 的基金上，本金要增值一倍，即 60 万，需要 $72 \div 8 = 9$ 年。也可应用于其他方面，如：

选择投资理财工具。若你现在拥有 20 万元，想把它用于九年后儿子出国留学费用。考虑各种因素，估算到儿子留学时需要的费用共 40 万。那么什么样的投资，才能顺利达到目标呢？利用“72 法则”计算（$72 \div 9 = 8$），即，应该选择收益率为 8% 的投资工具进行投资，比如基金。

推算增值或贬值。例如现在通货膨胀率为 3%，$72 \div 3 =$

24，你现在的 1 元钱就相当于 24 年后的 5 毛钱。

推算年薪长一倍的时间。若每年的年薪上涨率为 3%，现在每月的工资为 3000 元。若要涨到 6000 元，需要 72 ÷ 3 = 24 年。

学会灵活运用“72 法则”对投资理财者来说，是非常重要的一件事情。它可以让我们明确投资的目标时间和目标收益，制订清晰的投资理财计划并及时调整策略。

3. 规避负复利

相对于正复利，负复利也同样发挥着强大的作用，甚至比正复利作用更大。比如借债。可以把复利变成一种铁链，阻挡我们获得财务自由。比如投资，若不规避负复利，损失也是非常惨重的。在复利发挥同等作用下，下跌 1/3 需要上涨 50% 才能复原，下跌 50% 则需要上涨 100% 才能复原。复利，产生的作用是正是负是门大学问。在这方面巴菲特做得最好。他在 50 多年的投资业绩中，仅有 2001 年的收益率为 –6.2%，为负增长。其他年份的收益都为正增长。因此想实现复利增长的梦想，最关键之处还是要规避“负复利”。

理财链接

复利是一种思维，是一种以耐心和坚持为核心的思维方式。

避免“负复利”产生作用，最大限度地规避贪婪和恐惧。

谁了解资本法则并遵守，谁就可以获得金钱。

理财和投资有着什么样的区别

经典提示

理财比投资更重要。

理财困惑

理财和投资有着怎样的区别，二者又有着什么联系呢?

理财智慧

1. 理财并不等于投资

理财的目的是增加收入，提倡理性消费和支出，而投资是为了让钱生钱。

理财比投资宽泛得多。我们不能简单地将炒股等投资行为等同于理财，而应将理财看作一个系统，炒股、储蓄、保险等都只是它的一个“器官”，通过多个“器官”互相配合，使系统保值增值，让自己生活无忧。

如果一个月收入2000元的中低收入工薪阶层看不清自己的实力，只看到别人的赚钱神话，于是硬要去炒楼、炒股、炒期货、炒外汇，这只是一种投机或者赌博，根本不是投资。所以，不要看到房价暴涨、股价暴涨、商品期货价格暴涨等新闻就愤愤不平，也不要因为那些亿万富翁可以轻松地赚到100万就心里不平衡。因为他们的100万是通过1000万赚来的，这样算来，利润也只是10%，而你只是一个普通的工薪阶层，根本不具备这个资本和能力。

要知道，每一个有钱人都是从最初的一点一滴积累而来的。作为工薪阶层，不能好高骛远，而是要脚踏实地，从一点一滴做起，通过智力投资来实现百万、千万的财富梦想，如考研考博考证书，从高位直接切入大企业的中高管理层拿高薪，或直接利用自己的专业知识去创业，而不要成为一个冒险家。

2. 理财比投资更加重要

国家的政策、股市的行情都是无法预测的。所以，从事各种风险投资之前，必须做好亏损的心理准备。很多人把风险投资当成致富的手段，当作家庭理财的主要手段。如果你的收入状况较好，承受能力较强，并且年轻，还可以一试，但千万不要把赌注都押在风险投资上。因为理财比投资更加重要，理财是一份规划，是对未来买房、买车、子女教育、退休养老等方面的财富增值计划。它不仅要考虑财富的积累，更要考虑财富的保障。

3. 不要让欲望变成失望

开源的途径有很多，投资只是其中的一种，而且是风险最大的一种。但做决定前一定要慎重，因为投资对于许多人来说，

投资理财的“三三”法则

理财的内容非常丰富，包括储蓄、国债、股票等，但对每个家庭而言，并不是都需要去尝试。像炒外汇、炒金、期货等投资风险极高的品种，不具备专业知识，最好不要去碰，否则容易遭受损失。

理财专家推荐“三三”法则

三分之一储蓄，比如存定期、买国债等。

三分之一买保险，包括医疗、健康、养老保险等。

三分之一风险投资，炒股、炒邮币卡就属于这一类。

由于每个家庭的年龄结构不同，收入情况和兴趣爱好也不同，所以，家庭理财也要因人而异。

是条不归之路。投资国债的，很多最终变成基民，很多基民最终又会变成股民，所以要避免踏进金融业的大门成为金融的奴隶。

工薪阶层可以大胆地投资，但一定要量力而行，不要借钱，不要抵押，不要典当，不要刷信用卡，不要将全部资产押上。

4. 平时要建立应急基金

我们要更好地理财，就要在平时建立应急基金，手上要有现金或者现金等价物，如随时可以提取现金的银行卡。不要认为基金或者股票有很好的流动性，就可以等同于现金。

5. 要正确运用信用卡

当意外事情发生时，如失业或者疾病，信用卡透支额可以帮你渡过难关，这也正是信用卡最大的作用，千万不要用信用卡去购买一些没用、自己无力购买的东西，让自己背负债务。

另外，中国已经有几亿人在用支付宝、微信等移动支付方式支付生活消费，它们存取方便，安全性也比较高，还具备理财功能，是普通人理财的一项较好的选择。

理财链接

有些风险是你能承担的，但有些风险带来的财务波动太大，是你不能承担的。在理财时，一定要量力而行，不要把理财变成赌博。

正确使用信用卡，拒做卡奴。

建立好家庭的应急基金，用闲散的资金去投资理财。

先求稳再求好，三把钥匙让你的财富增值

经典提示

成功投资，更要规避风险。

理财困惑

小张工作四年，是某公司的部门经理，年收入能达 20 万元以上，自己买了车，平时消费很高，穿戴名牌，经常带一帮朋友下馆子，从不在家做饭，出手大方。刚开始，他根本没有意识理财，后来听了公司企业组织的理财课后，没有经过详细研究，就用手头仅有的几万元购买了自己钟爱的收藏品油画。工作几年下来就剩那几幅油画了。人生无常，突然父亲病重，一下就需要手术费十几万。小张可是发了不少愁，油画一时出不了手，父亲治病又急需钱，只好东拼西凑，才算救了急……

像小张这样收入不菲、风险防御系统差的人还不少。如果小张之前稍微有一点儿理财常识，依他的收入抵御风险能力应该是很强的，可是十几万元都让他差点崩溃得一塌糊涂。可见，稳稳当当投资、从零开始理财的意义非同寻常。

理财智慧

1. 理财稳健，少亏多赚

发财致富是每个人的梦想，在众多机会面前既要抓住机会，又要稳健，稳健是投资理财中需要注意的一个基本法则。股神巴菲特一生奉行的投资理念就是稳健。只有稳健投资，才能减少亏损，带来长久收益。常记三个准则可使理财更稳妥：首先是，要用闲置的资金投资，亏了也不影响到家庭生活。其次，不过量交易，以三倍以上的资金应付价位波动，灵活应对投资。最后，保持自律，不贪心。面对投资理财中各种突发状况，若能稳健应对，肯定少亏多赚。

一般情况下，稳健投资的方式有储蓄、投保和债券。

储蓄，简单且有技巧，在进行储蓄时，必须事先比较、计算不同储蓄方式的利息额度和利息税的征收情况，选择收益最大的一种。

投保，现在保险品种丰富，应仔细看好每一种产品，权衡不同组合的风险收益，选择最适合自己的一种。

债券，风险小，比单纯储蓄回报率高，是许多人投资的重要途径。

从稳妥投资的原则出发，一般可以采取组合投资策略。一般将个人财富的 30% 用于储蓄以备后用，20% 用于购买股票以寻求高收益，20% 用于投资基金或债券，20% 用于实物投资以追求增值，10% 用于购买保险以防止意外，这就是所谓的“32221”组合。

2. 财富累积，从零开始

理财就是通过对资金做出最明智的安排和运用，使金钱产生最高的效率和效用，从而使财富不断累积。佛家常言“有便是无，无便是有”，“有”和“无”是辨证的统一体，是相辅相成的。从零开始，即闲资金零状态和理财知识零状态便也是处于此种状态。从某种意义上讲，“零”状态也是一种优势。因为“零”是最佳的学习和实践期。况且理财不是一团乱麻，是有章可循、有步可依的。只要认真学习，每个人都可以累积财富，成为富人。

“零”状态实现财富累积四部曲：

第一，积累资产；

第二，要做好资产的配置，并根据情况对资产配置做不断的调整；

第三，要找到一个能够适时买入、卖出的方法；

第四，定期定额投资基金。

3. 三把钥匙，长久收益

三把钥匙，又称为投资的三把万能钥匙。能合理运用这三把钥匙，玩转这三把钥匙，长久的收益将不再遥远。

第一把钥匙：价值投资。

物有所值是投资的根本，是内在价值原理。一件东西价值多少就是多少，不要为表象所迷惑。

第二把钥匙：分散投资。

就是不要把所有鸡蛋放在同一个篮子里，也就是上面所说的

“32221”组合。因为不同投资品风险不一样，有时可以互相抵消；在同一个投资品里也可以分散，如购买不同期限的债券和不同类型的股票。

第三把钥匙：长期投资。

投资需要耐心，许多投资品的价值只有长期才能显示出来。若总是追逐热点，一味跟风，手脚太勤快了，挣的钱可能还不够付手续费。

总之，这三者要灵活运用，且不可一味僵化套用，否则同样可能带来损失。总体上来讲，应以价值投资为根本，并辅以长期投资。

理财链接

只有稳健投资，才能减少亏损，带来长久收益。

对安全边际的掌握更多是一种生存的艺术。

分散投资，有助于更好地规避风险。

实现财富梦想，千里之行始于足下

经典提示

詹拉洛威尔说：“世上所有美丽的情感加在一起也比不过一个值得敬佩的举动。”

理财困惑

王六人穷心不穷，天天都想改变自己的困境。一天，王六的老婆在路边捡到一枚鸡蛋，准备晚上炒鸡蛋吃。王六看到后，就展开了美好的发财梦想：这是一枚致富的蛋。先让母鸡将这枚蛋孵出小鸡，若是公鸡，就把它卖了再买些小鸡回来养；若是母鸡，就可以孵出更多的小鸡。如此一来，就可以卖鸡蛋赚钱，赚到钱后去买头牛，牛比人耕地快，这样一来就有时间开垦更多的土地，置下房屋田地后，富裕的日子就来临啦……老婆听后很高兴，就把鸡蛋拿去孵小鸡。晚饭就没炒鸡蛋而是用咸菜凑合了一下。王六看到咸菜后，很不开心地说：“咸菜太难吃了，还是把鸡蛋炒着吃了吧，我刚才说的要实现太难……”

像王六这样成日做着发财梦而不行动的人注定一生贫穷。梦想再好，若不付诸行动，也只是镜中花、水中月。

如果想成为富人，就需要从现在开始采取行动。

理财智慧

梦想还是行动，对于那些沉浸在幻想中而不愿面对现实的穷人而言，依旧是个问题。

1.梳理财富，早行动早受益

理财行动抢先一步，一生理财蓝图将与众不同。越早行动，就能越早地开始收入和支出之间的合理安排。闲钱就可以及早地用于投资，让钱生钱，利用复利去创造更多的财富。理财是一辈子的事，趁早投资理财，时间会给你创造财富。

2.量化目标，使计划切实可行

做任何事都要有计划，想要拥有更多的财富也一样，不要只停留在“想”的层面，要有具体的计划方案。

在制订计划方案时，要考虑三个方面：第一，从脚下开始。方案要具有现实性和具体性，有了现实性，就能从自己当前的基础和能力出发，从零开始理财。有了具体性，理财就有了方向，努力就有了目标。第二，兼顾现在和未来。只有这样，人生各个阶段才可以过得有品质。理财就像长跑，要兼顾长期和短期，才能获得更多幸福感。第三，细化目标。按期完成定额目标，会使遥远事情的实现变得相对容易。

3. 付诸行动，让创富的梦想成真

克雷洛夫说：“现实是此岸，理想是彼岸，中间隔着湍急的河流，行动则是架在河流上的桥梁。”无论复利的威力有多神奇，无论你拥有多少投资理念和致富的金点子，若少了行动，一切都没有任何实际意义。

据一项对美国 200 位富翁的调查显示，他们绝大部分成功的共同特质是都有很好的理财习惯，他们每天都有计划、有目的、有行动地在理财。

马上行动起来，我们未来的创富梦就不会遥不可及。梦想实现或许就在一瞬间，永远不要忘记，构筑人生唯一的原材料便是积极地行动。

理财链接

人人都需要理财，而且理财是早规划、早受益。

设定一个理财目标，让理想转化为现实。

积极的人生构筑于我们所做的一点一滴之上。

第二章

设计属于自己的财富自由之路

NIDEDIYIBEN LICAISHU

家庭理财计划须知

经典提示

做出理财这个决定，就等于迈出开始理财的第一步。但这还远远不够，理财是一个有计划的行为，必须仔细斟酌。

理财困惑

小莉与老公结婚两年，感情一直不错。最近却突然闹起离婚来，原来家里的钱都是两人一起花，也没记过账，可是到年底的时候，小莉却发现一张2000元的存折不见了，而且不知道到底是谁花的。于是，她怀疑老公老毛病又犯了，拿去赌博了，老公却死不承认，而且还怀疑是小莉偷偷拿走，给了自己的娘家人。状况越闹越僵，钱还是不知道花在哪里，就因为这区区2000块钱，两人居然走上了离婚的道路。

究竟是什么原因让事情变成现在这样的呢？

理财智慧

经济纠纷是家庭破裂的重要原因之一，特别是家庭成员较多的情况下，日常生活的开支需要家庭主要成员共同负担，如果长期不记账，难免会引起互相猜疑。而如果家庭中准备一本流水账，家庭成员的花销一目了然，谁也不会瞎猜疑。

（1）每个家庭都在进行着自觉或者不自觉的理财计划，比如各种家庭开支、家里要添置什么大件都是家庭理财计划的一部分。要想更好地理财，使家庭开支计划切实可行，就必须了解家庭每月的固定收入及日常生活支出情况。这些只要通过记一段时间的家庭账就可以掌握其规律，使日常生活条理化，并保持勤俭节约。

（2）集中凭证单据是记账的首要工作，在平常的消费中应养成索取发票的习惯。在收集的发票上，要清楚记下消费时间、金额、品名等项目，如没有标识品名的单据最好马上加注。

此外，银行扣缴单据、捐款、借贷收据、刷卡签单及存、提款单据等，都要保存下来，最好放在一个固定的地方，方便取阅。凭证收集全后，可以按消费性质分类，每一项目按日期顺序排列，以方便日后统计。

（3）在记账时，一定要客观真实，记录下每一笔收入和支出。不要觉得钱数较少就可以忽略不计，积少成多，如果一次不计、两次不计，就会积累出一大笔不明花销。

（4）在记账时要弄清楚两方面的内容，一是钱从哪里来，二是钱往哪里去，只有清楚记录金钱的来源和去处，才能方便日后的查询工作。一般人采用流水账的方式记录，按照时间、花费、项目逐一登记，但是要想更加清晰地记录每一笔消费，最好要记录采取何种付款方式，如刷卡、付现或是借贷。

资金的去处分成两部分：一是经常性方面，包含日常生活的花费，记为费用项目；另一种是资本性、记为资产项目。资产提供未来长期性服务，例如，花钱买一台洗衣机，现金与洗衣机同属资产项目，一减一增，如果洗衣机寿命六年，它将提供中长期服务；若购买房地产，也同样会带来生活上的舒适与长期服务。

经常性花费的资金来源，应以短期可运用资金支付，如用餐、衣物的花费应以手边现有资金支付；若用来购买房屋、汽车的首期款，则运用长期资金来支付。

消费性支出是用金钱换得的东西，很快会被消耗，而资本性的支出只是资产形式的转换，如投资股票，虽然存款减少但股票资产增加。

（5）记账最重要的是要坚持，不能三天打鱼两天晒网，只有做到天天记，每天把当天的账务整理清楚，才能养成一个良好的习惯，防止时间长了忘记或者记错，造成账实不符。

（6）一定要注意保管账簿，可以按年份装订起来，以便长期保管，方便查用，否则自己辛辛苦苦记的账就付诸东流了。

（7）记账是为了更好地做好预算。在家庭收入基本固定的情况下，家庭预算要做好支出预算。支出预算又分为可控制支出预算和不可控制支出预算，诸如房租、公用事业费用、房贷利息等都是不可控制支出预算。每月的家用、交际、交通等费用则是可控的，要对这些支出好好筹划，合理、合算地花钱，使每月可用于投资的节余稳定在同一水平，从而达到快捷高效地实现理财目标。

（8）除了记账和预算，家庭理财最重要的一个方面就是累积，最常见的累积手法是存钱。只有养成良好的储蓄习惯，零存整取、定时定量，有规律地积累财富，才能积少成多，有“财”可理。

（9）存钱只是最原始的财富积累，当你经过一段时期的积累，就可以开始考虑通过其他的投资手段来实现财富的增值了。除了收益率偏低的银行储蓄，目前常见的投资理财工具还有国库券、基金、股票、黄金、房地产等。

理财链接

投资和理财是生活的一部分，一定要小心安排好，不要让坏习惯毁掉自己的辛勤努力。

年轻人要学会积累积蓄

经典提示

要想摆脱“月光族”，不仅要学会挣钱，还要学会“攒钱”。

理财困惑

小魏去年大学毕业，来到北京工作，是个典型的“北漂一族”。由于工作能力强，再加上小魏的勤奋努力，他每月税后收入约为8000元，这样的收入对于一个刚毕业的人来说属于中等偏上。

但想买房还是不太可能，于是小魏目前暂时靠租房解决居住问题，每月仅房租的支出就在2000元左右。再加上日常的开销和每个月给父母的补贴，每月基本没有节余，所以，他也无奈地成为了“月光一族”。想到今后还要买房结婚，小魏就感到压力很大，于是他想，自己也许应该学着理财了。

其实，像小魏一样的年轻人，事业处于上升期，收入会稳步上升。而这个阶段更是人生积累财富的第一个关键阶段，这个“底子”打得好不好，直接影响着他今后的生活水平。所以，有效利用稳定的收入来积累财富是很有必要的。

理财智慧

理财专家给了小魏几条建议：

第一，开源节流。目前小魏的收入主要用于房租和日常花销，而日常花销中和朋友们的聚会吃饭基本占了工资的很大一部分，再加上孝敬父母的钱，剩下的储蓄基本为零。所以，在有限的收入来源的前提下，如何做到“节流”十分关键。比如，小魏可以通过与同事或朋友合租的方式来减少一半的房租支出，一般的饭局，能推则推。此外，他可以自己动手做饭，既经济又卫生。

第二，强制储蓄。如果能够很好地开源节流，小魏每个月就能省下 2000 元左右，专家建议他不妨进行基金定投。每个月从工资卡中扣除 500 元购买基金，这样一来，不但使平时莫名其妙花掉的钱省了下来，更可以在几年后为他提供一笔不小的现金流。

第三，专家建议小魏去办理可以透支又有免息期的信用卡作为自己的资金周转工具。在平时的消费中，享受信用卡消费便捷的同时，充分利用免息期，达到资金的最大利用率。另外，支付宝中的借呗、花呗或者京东白条等新颖的方式，某种程度上可以起到与信用卡同样的效果。

理财链接

像小魏这样年轻的“北漂一族”，如果能够严格执行既定的理财计划，再养成平时记账的好习惯，那么就能很快攒下自己的第一桶金。

选对“理财专家”

再精明的投资专家也只是“外人”，不是你自己，投资专家也存在诸多不确定性。在你把钱交给专家理财之前，需要确定以下两点：

需要明确你是不是对这个“理财专家”充满信心，也就是这个“理财专家”有没有让你投资成功的能力。

确定这个“理财专家”会以你最大的利益为最终理财的目的，最后还确定会把你所投资的钱在你指定的时间回到你的口袋中。

如果对于上述两点，你没有十足的把握，那么你自己学习理财的知识就是必要的。

树立正确的消费观

经典提示

消费要与自己的经济承受能力相适应，遵循“量入为出，适度消费”的原则，避免盲从，理性消费。

理财困惑

很多刚毕业的年轻人自称是“白领”，当他们发了薪水之后，交了房租、水电气费，买了油、米和泡面，摸摸口袋剩下的钱，感叹一声：唉，这月工资又“白领”了！这些人是典型的月光族，不管挣钱多少，他们总是经常没钱，经常借钱。

这是因为他们采取了一种盲目消费的方式，有钱时什么都买，什么都玩，甚至没钱时也随便超前消费，结果导致自己成为“贫穷一族”。

理财智慧

要想摆脱“月月光”，一定要树立正确的消费观念，避免不正当的消费行为。

1. 明白自己的财产状况

要对自己的财产状况有个清醒的认识，不要成为了“负翁”还不自知。一个家庭每月还款的月供最好不要超过家庭月收入的30%，在这个范围内，家庭财务才可以承受。

2. 优化组合负债

在负债的情况下要统筹考虑，为减少利息支出，可以尽可能地利用利率最低的品种。如果贷款占家庭收入的比重比较高，可及时调整贷款期限和贷款种类，如与银行协商，把贷款期限延长，减轻压力，再用余下的储蓄及时还清装修和购车贷款，节省利息。

3. 要确立生活目标，拟订理财计划

每个人都要对自己的人生有一个规划，然后根据人生规划的进程，了解自己在不同阶段的生活需求，了解自己的开销，确定收支记录，建立必要的预算，拟订短、中、长期的财务目标，再据此制订理财计划。

在确定财务目标时，不能太高，避免给自己造成太大的压力，也不能过低，使自己失去理财动力。

在制订理财计划时，必须要考虑实际的财务能力，并定期检验、弹性调整，让理财计划不致成为生活负担。

4. 养成记账的习惯，避免财务漏洞

只有懂得记账的人，才能清晰地明白自己的资产情况，才能习惯去积累资产。

上班族如何摆脱“月月光”

随着生活水平的不断提高，人们的消费水平也在逐渐提高，越来越多的上班族变成了“月光族”，那么，如何才能让自己养成良好的消费习惯，不再“月月光”呢？

1. 养成储蓄的习惯

所谓“聚沙成塔”，那些百万富翁的钱也是从一笔笔小额存款累聚而成的。你最好给自己定个目标，每月选择往一个专设的户头里存钱，强迫自己开始储蓄。

2. 尽量少用信用卡

如果你是一个月光族，经常克制不住自己的欲望，冲动购物，那么最好有意识地要求自己少用或者不用信用卡，不开通花呗、白条支付，只带预算内的现金出门，这样较不容易超出预算。

积少成多，想要攒住钱也并不难，上述两点看似简单，只要真正做到了，就可以节约下一笔开支，从而攒住自己的工资。

5. 养成良好的消费习惯，做到先积累再消费

不要以为超前消费是一种很时髦的消费方式，就一味地去满足自己的消费欲望。这样，你就会对支出数字渐渐麻木，等到信用卡刷爆之后，再后悔就晚了。

6. 开源节流

要做到开源节流，就要增加收入来源、减少支出项目。在理财之初，首要的财务目标应是储蓄三至六个月的生活必需准备金，以备不时之需。

理财链接

求名心理、求好心理、求新心理、爱美心理、攀比心理在一定程度上影响着我们的消费观念和消费行为，导致很多人不顾后果地盲目消费、超前消费。对处于发展中国家的我们来说，仍然是提倡先积累，后消费，使消费朝着合理、健康、文明的方向发展，就算超前消费也要考虑自己的承受能力。

不要忽视保险的重要性

经典提示

没有可靠的保险，就没有保险的人生。

理财困惑

赵勇是刚刚踏入工作岗位的应届毕业生，常常需要出差。由于工作关系，经常需要在外面奔波。曾有保险营销员向他推荐了几款意外险，但是他感觉自己年轻力壮，哪儿会有什么意外，于是没有接受。没想到这件事过去不久，在一次他开车等待红灯时，有一辆车违反交通规则，和他的车相撞了。虽然他只是受了点伤，没有生命危险，但也在医院躺了半个月，而且车也损坏了。他面对的不仅是长长的医疗账单和一辆不能再开的车，全勤奖也没了，而肇事司机又迟迟不肯赔偿，他只能自认倒霉。

还有一个例子，王先生是一个前途无量的专业经理人，年薪高达40万元，按照他目前的能力和发展前景，持续下去肯定能给他的家庭带来很多财富，给自己的妻儿提供富足的经济条件和生活水平。

他在心里也勾画出了一个美好的目标："购置房产、送孩子出国留学……"如果一切都按照计划前进的话，那么王先生的目标很容易实现。

但是，天有不测风云，人有旦夕祸福，由于过度的工作，王先生的体力已经透支，在还不到40岁的时候，便因过劳死而离开人世。他不仅没有实现自己的计划，还给家人留下了很多不便，家庭计划也因为他的离去而不得不重新调整。

"保险真的那么重要吗？"很多年轻人觉得自己精力旺盛，身体健康，完全没必要买保险，认为这纯粹是在浪费。可实际上，在现实生活中，年轻人也随时随地面临着风险。有关调查显示，年轻人是意外发生率最高的人群，而且近年来重疾年轻化趋势明显。所以，年轻人应及早在身体健康时多给自己做保障。另外，重疾险的保费是随着年龄的增长而增加的，年纪越轻，越早购买重疾险，缴纳的保费也相对较低，等到年老时，不仅条件限制严格，而且由于收入下降对保费的承受能力也将降低。对于终身健康险类的产品，在缴纳相应年限的保费后就可终身享受保障。

理财智慧

保险是指投保人根据合同约定，向保险人支付保险费，保险人对于合同约定的可能发生的事故因其发生所造成的财产损失承担赔偿保险金责任，或者当被保险人死亡、伤残、疾病或者达到合同约定的年龄、期限时承担给付保险金责任的商业保险行为。

“天有不测风云，人有旦夕祸福。”意外和风险无处不在。所以，保险真的很重要。

很多人眼中的理财就是通过各种投资工具让自己的财富不断增长。其实，这只是理财的一部分，要建构一个基础稳固的理财金字塔，至少须包含三个方面。最下面的是保本架构，中间一层是增长架构，最上面一层是节税架构。

要想更好地保障理财的效果，底层的保本结构就起着极为关键的作用。保本架构除了包括没有风险的投资组合，比如定存、活存、保本基金等，另一个很重要的方面就是保险。

其实，我们的收入、开支等都是可以通过一定的方式掌握的，比如，你的学历和工作能力可能会在很大程度上决定你的月薪、年薪和价值，你的财产可能会让专业的理财师来帮助你进行规划。但是，意外和风险却是我们无法掌控的。

现在很多人因为不幸发生意外，轻则受伤，重则死亡。这些给家庭造成的经济和财务损失是非常大的。如果一个家庭没有保险理赔金，就可能面临因为缴不出房屋贷款而被银行强制收回房屋的窘境；如果家长出意外，受伤害最大的还是孩子，他可能没办法和其他孩子一样，接受高等学校的教育。

也许有的人会说：“我挣的钱连自己花都不够用，哪儿有钱买保险？”其实，保险能够以明确的小投资，弥补不明确的大损失。从经济角度来说，保险是一种损失分摊方法，以多数单位和个人缴纳保费建立保险基金，使少数成员的损失由全体被保险人分担。

从法律意义上说，保险是一种合同行为，即通过签订保险合同，明确双方当事人的权利与义务，被保险人以缴纳保费获取保险合同规定范围内的赔偿，保险人则有收受保费的权利和提供赔偿的义务，是承担给付保险金责任的商业保险行为。

保险金在遭遇病死残医的重大变故时，可以立即发挥周转金、急难救助金等活钱的功能，很多家庭发生意外后，在没有理赔金的情况下，就只能依靠社会救济或公益捐助来度过。所以，我们应该把保险支出列为家庭重要的一笔投资，不要忽视。只要每年缴纳的保费控制在合理的范围内，只占收入比例的一部分，那么保险支出对你的整体投资计划不会造成太大的负面影响，相反，却能够给你提供一层保障。

保险种类繁多，保费支出的计算方式也不相同，怎样选择适合自己的保险成为很多人关注的问题。

1. 保险的选择方式，要从收入、业务性质、医疗需求、生涯规划等各方面进行考虑

比如，对于那些刚刚进入职场、薪资偏低的人，自由运用比例不高，而且没有家庭经济及房贷压力，因此投保重点宜先从低保费、高保障的保险产品着手。一般说来，可以用定期寿险搭配终身寿险来建构人生保障，再搭配意外险、医疗险及防癌险，就能先做好基础的保险规划了。至于投资型保险与养老保险可以等收入比较稳定时，再根据收入能力与个人的理财需求来增加。

此外，年轻人可以选择长期付费的方式。鉴于目前经济实力

还不强，拥有同样的保障，期限越长，每年缴纳的保费相对越少，经济压力也越小。若期限较短，付费压力也会相应增大。所以购买分期付费的保险产品，选择20年及以上的付费方式较为适宜。

2. 要有适当的保费预算与保额需求

专家建议可以采取“双十策略”，也就是保费的支出要以年收入的十分之一为原则，不要超出年收入的十分之一，否则会造成经济压力，甚至会陷入无力缴交续期保费的困境。保额需求，约为年收入的十倍，才算较为妥当的保障。

举个例子来说，如果你目前的平均月薪约为6000元，保额规划至少应为72万元，年缴保费6000元左右，才能拥有一定的保障。

如果从事的是危险性较高的工作，建议要将保额适当提高，并且当职场工作环境调整或面临人生的重大计划时，比如结婚、生子、购房时都有重大的财务支出，一定要咨询保险顾问，至少每年检视保单一次，看看保险有无调整的必要。

理财链接

每个人一生当中都可能要面临生、老、病、死、残、医的各种威胁，如果能够在事前做好保险的规划，就可以避免这些突发事件带给个人或家庭的财务危机。

打造养老生活的保护伞

经典提示

规划养老计划应在考虑目前收入水平的前提下合理进行。

理财困惑

假设王先生现在30岁，60岁的时候退休，那么这三十年来他该如何安排自己的养老计划呢？

我们先简单地做一个养老预算：

按照现在的生活水平，一对普通的夫妇一年基本的生活消费在3万元左右，如果生活条件再好一点的话，需要5万元左右。那么三十年退休之后要多少呢？

如果简单地按每年消费递增5%计算，那么三十年后，这两个数字分别是13万元和20.5万元。减去单位给他们上的养老保险，退休后每年大概5万，每对夫妇每年要准备8万元以上。

王先生从30岁开始每年拿出7000元来安排养老计划。如果每年投资7000元，达到8%左右的年收益率，那么30年后约有85.6万元。可按照上面的计算，每年花销就有8万元，所以这些钱十年就花光了。但是退休之后他们不能只靠一点点社保养老金来生活。

但消费水平在逐年提高，收入水平也不可能永远不变，如果逐年适当地增加对养老计划的投入，情况就会大不一样。

综合考虑这些因素后，我们可以得到下面的计算结果：

假设王先生从30岁就开始实施养老计划，第一年投入的资金为7000元；以后每年递增5%，按年收益率的8%来算，到60岁时拥有的金额就有150万元，照这样的理财计划，王先生的晚年生活还是有保障的。

养老金的投资手段最好的选择是国债，因为它安全。也许有人会质疑，国债的年收益率是不会达到8%的。但是计划是按每年的消费有5%的上涨来计算的，所以目前3%的年收益率还是可以满足的；基金也是不错的选择，尽管目前基金的表现有的很出色，但它的盈利能力始终建立在股市的基础上，风险较大，所以只把它列为第二位。另外，养老金保险也不失为一个可靠的选择，但是需要仔细甄别保险中的陷阱。

理财智慧

在规划养老计划时应遵循以下原则：

1. 量入为出

只有养成良好的储蓄习惯，定期储蓄，才能保障后半生的生活安稳无忧。

2. 投资组合要多样化

要采取积极进取的投资策略，实行投资多元化。

3. 提高风险意识，避免高成本负债

4. 制订应急计划

应急需要现金，虽然不能准备太多的现金在手中，但是要有能及时变现的途径。

5. 顾全大局，至少能够有赡养老人和抚养子女的资产

6. 做好财产规划

虽然没有人愿意这样假设，但意外还是可能发生的，你必须确定在自己发生意外的时候，家人明白如何处置你的财产。

据统计，目前我国平均寿命为 75 岁。随着科技的不断进步，人的平均寿命持续增长。80 岁以上高龄老人的数量将大幅增加。对于家庭和个人而言，给自己做一份退休养老计划是必要的。退休之后的老人在经济、医疗、生活照料方面正处于人生的高风险期，所以，趁年轻、有工作能力和自理能力时，应及早准备老年所需的经费，给自己提供足够的保障，这样才能让老年生活过得安稳无忧。

由于养老计划最基本的要求是追求本金安全、适度收益、抵御通胀，有一定强制性原则，所以需要将养老计划与其他投资分开进行。

商业养老保险是养老规划的一个不错的选择，是中国养老保

选择商业保险的注意事项

在选择商业保险制订养老计划时，一定要注意以下三个方面：

首先要注重保障功能，使自己在退休后依然能够有稳定的收入。

其次要注重增值，要看为自己未来规划的养老金是否能满足将来的消费水平。

再次要尽早投保，虽然养老是55、60岁的事情，但年纪越轻，投保的价格越低，自己的负担也就越轻。

障体系的重要补充。它可以根据自己的财务能力及对未来预期进行灵活自主的规划和选择，所以购买商业保险成为目前人们规划养老生活主要的方式之一。

养老保险计划要合理选择，不仅要充分考虑目前的收入水平，还要考虑到自己的日常开销、未来生活预期、通货膨胀等相关因素。理财专家建议，购买商业养老金应占到未来所有养老费用的25%　　40%。

理财链接

制订养老计划可以选择商业养老保险，在选择时要注重保障、保值等功能，做到尽早投保。

教育理财，宜早不宜迟

经典提示

子女的教育投资是一项终身投资。

理财困惑

王先生是一家私营单位的员工，月收入为5000元，妻子是一名教师，收入也在3000元左右。两人有一个正在上初三的儿子，马上就要升入高中。现在夫妻俩手头上有两套房子，每月共需还贷2500元左右。一套自住；一套出租，价格为1800元/月。每月要交电话费、水电费、物业费、煤气费等各种费用，还要购买必要的衣食住行等用品，所以基本上每月没有结余。两人目前尚有15年公积金贷款，每月约为1200多元。夫妇二人没有购买商业保险，没有记账习惯，喜欢有多少钱就花多少钱。

现在孩子要读高中、上大学，需要一笔不少的资金，两人才感觉到压力，开始着急起来。于是，他们咨询了理财专家，看怎样在三年的时间里筹集够孩子上大学所需的资金。

理财专家在听了王先生的家庭实际情况之后，给了他们如下建议：

（1）认真记账，分散投资。假设目前上大学每年的费用是两万元，按 5% 的通货膨胀率计算，三年后要准备的四年大学费用大概为 9 万多元。

王先生没有其他资产可以用于投资，所以只能从收入中做理财计划。专家建议他要认真做好记账工作，三年内暂时减少弹性支出。

另外，王先生每个月最好要从收入中省出 3000 元来理财，每月用 2200 元选择指数基金作为基金定投，如果年均收益按 10% 计算，三年后大概有 92048 元，大学费用基本可以把握。另外 800 元可以通过零存整取的方式存进银行，凑够整数后用于分红型期缴产品的投资，每年就可以有 9600 元用于投资分红保险。等到孩子大学毕业出来工作时，就可以获得一笔资金作为职业生涯的启动金了。

（2）综合考虑各种因素，理财师建议王先生卖掉一套房子，付清集资房的所欠房款，而且部分资金可提前还贷，减轻每月的房贷压力。部分资金可用于教育金储备，做一些金融投资。另外一部分资金用来购买重疾险、养老险等商业保险。此外，每月必须拿出一部分钱来做投资，为退休生活做打算。

（3）王先生家庭两套房产的月供为 2500 元，通过公积金及租房收入抵减后剩余 500 元 / 月，可用于儿子的大学教育金储备。采用定投基金的方式，以年均收益率约 8% 来积累，每月定

如何规划子女教育基金

要使基金组合得到更好和更安全的回报，首先要了解子女教育的目标和需要。一般的法则是：储蓄的时间越长，所能承受风险的程度就越高。

从孩子出生到上学阶段，这时候工作稳定、时间充裕，能承担较高的风险，因此组合可以是100%增长型股份。

等到孩子中小学阶段，可以考虑一些较为谨慎的选择，比如70%的股票，特别是蓝筹股，以及30%的债券。

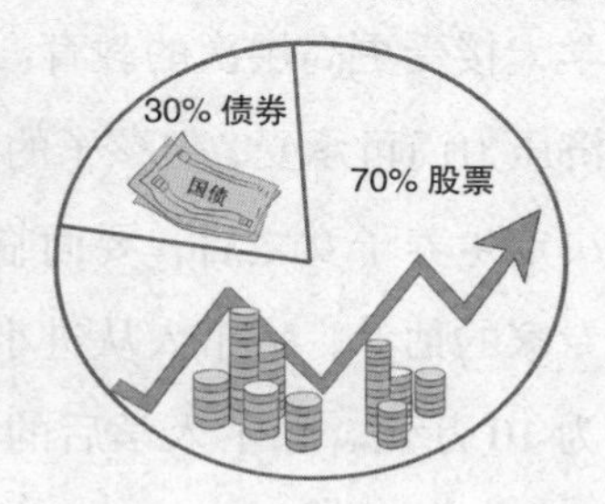

孩子到了高中时期以后，可以考虑30%的债券、20%的股票以及50%的货币市场基金，既能持续增长，又不至于受市场波动的影响。

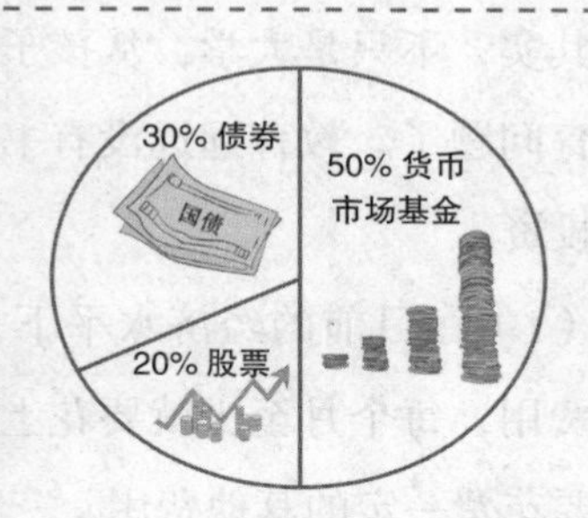

投 500 元，孩子上大学时可获得两万元的教育金。

（4）可以选择购买商业保险，至少覆盖还房贷的 15 年。夫妇俩均为家庭的经济支柱，两人应重点考虑重疾险、意外险、寿险。通过一定的组合配置，可在保费较低的情况下实现较高的保障。目前家庭年收入 9 万元，可拿出 6000 元购买商业险，平均每月 500 元。

理财智慧

抚养子女不只是把他养大那么简单，对于大多数人来说，高等教育是晋升专业仕途的关键，每个父母都希望把自己的孩子送入大学，接受更高层次的教育。对于很多家长来说，孩子上高中的经济压力尚可承受，但孩子的大学教育则需要储备更多的资金。

决定生养子女之后，要面临庞大的生活费和子女教育费用，根据专家的估计，一个人从进小学到大学毕业，所需要的教育费用约为 10 万元。除了入学后的教育费用之外，从孩子出生到入小学这段期间的养育问题，亦是十分棘手的。

其实，不只是大学，从孩子出生开始，家长就应该考虑孩子的教育问题了。教育远远没有书本和笔记那么简单，教育是一项终身投资。

（1）在目前的经济水平下，从孩子出生开始，婴儿用品和医疗费用，每个月至少就要花上 500 元，如果是在职妈妈，每个月还要花费一定的其他费用，三年下来，得准备两万元左右。

（2）到了幼儿园阶段，除了养育孩子成长，还要让孩子接受教育。这时候头疼的事情就会一件接一件：是否需要上双语幼儿园？全托还是日托？几岁开始进行智力开发、兴趣培养？学钢琴还是练书法、上什么样的小学、报什么样的补习班等。除此之外，还要操心孩子的安全问题、健康问题、饮食问题、成长问题，这些问题都需要用钱来解决。

（3）到了中小学阶段，孩子的教育问题就更不容忽视了，初中、小学的花费虽然相对较少，但加上给孩子报各种班的费用，也是一笔不小的开支。

（4）高中期间，如果是就读普通学校，学杂费大概要4万元，这里面不包含上家教班、文艺班的钱。而如果孩子读的是私立学校，就要准备30万元以上。

（5）到了大学阶段，负担就更大了，不仅教育费用比较高，而且孩子需要离家住宿，生活费也不少，估计一个大学毕业生四年的学费加上生活费用要花4万元，私立大学则有可能更多。

（6）研究生阶段继续深造的费用，研究所或大学的研究生院各需要6　10万元左右。如果到国外留学，一年就要花5万元以上。

理财链接

养育和教育一个孩子要花多少钱，可能不同的家庭会有不同的结果。但是如果你希望栽培孩子读完大学，根据统计，至少要花费10万元，多则上百万。

设定属于你的投资路线

经典提示

如果你想做个有钱人，那么你首先要敢想，然后再计划好，那么就更容易在投资中明确方向，抓住重点，获得财富。

理财困惑

在一片茂密的森林里，住着一个猎人。他终日打猎，却过着食不果腹的日子。为此他每日祈祷，希望财富女神能给他一个指引，让他变得富有起来。终于有一日，财富女神在他梦中出现了。她对猎人说："你将会得到你想要的财富，就在那森林深处，有一棵非常古老的梧桐树，它的根扎得很深，你顺着它的根挖下去，就会发现大量的财宝。"猎人听了这些话，立刻从梦中醒来。"这是女神给我的指示，我这就去找那棵树。"说着，他就带上了工具，往森林的深处跑去。

果然，他找到了那棵巨大的梧桐树，并费了两周的时间把它挖了出来，结果，真的发现了财宝。他欢呼道："哦，谢谢您！我的财富女神！"这样，他真的富有了。可是，他没高兴多久，就又陷入了愁苦之中。这么大的一笔钱，他该怎样管理呢？他并不想就这样一直花下去，钱总会有花完的时候。

因此，他闷闷不乐，并在梦里继续祈祷："财富女神，帮帮我，我该怎么办？"

财富女神听到了猎人的祷告，感到十分为难，她想："猎人要财富，我可以给予他，这是我职责内的事。但是要让我帮他管理这些财富，我可没办法。这是智慧女神的事了。"这样，她将自己的想法再次在梦里告诉了猎人，让他向智慧女神求助。

终于，智慧女神也被他的真诚所感动，她对猎人说："要想管理好你的财产其实很容易，你先想想你想当个什么样的富翁吧。有了目标，再盘算自己的财富和你所能利用的一切可以让你致富的条件或者机遇。最后在心头写出自己的计划，并认真实施它，当然你还要谨言慎行，不要招人妒恨，这样你就可以长久地享有你的财富了。"

随后，猎人想了很久，把自己能想到的一切都想到了——他想当一个长久的富翁；他寻找一切可以利用的外在环境和条件，居然真的发现了不少可以挣到钱的机遇。然后他把这些都在心里做了一下整理，完成了有生以来的第一个规划。他一步步按着自己的计划，稳当地实施着。一年、两年、三年……最后他真的变得非常富有，富有到连他都不敢想，富有到连他的子孙都能享受到用不尽的财富。

理财智慧

从表面上看，投资根本不需要什么计划，但事实并非如此，没有计划的投资，一定是失败的投资。

某些人之所以贫穷，是因为他们所追求的只是一种平常、闲适的生活，有的甚至只要温饱就行，即有饭吃、有床睡，这些就决定了他们一辈子也成为不了富人，因为他们的目标就是做穷人。当他们拥有了最基本的物质生活保障时，就会停滞，不思进取，得过且过，最终他们依旧贫穷。

投资讲求以一个投资方针贯穿整个计划，各项投资要相互联系，不能孤立起来，必须了解每一个投资项目在这个计划当中所占的地位、所扮演的角色，这样才能明白其中的意义。例如，在整个投资计划中，你可以主要倾向于低风险。那么，大部分资金便都应该放在低风险而回报比较稳定的项目上，如债券等；可部分选择风险稍高的，如可选择前景看好的新兴创业板上市的科技股。只有这样的计划，投资者才能规避风险。

投资理念是宏观概念，起指导作用。投资策略是中观概念，居于中间位置，起承上启下的作用。投资计划是微观概念，是最具体最实际的。投资大师巴菲特曾说过，他可以大谈他的投资哲学，有时候也会谈他的投资策略，但他绝不会谈他的投资计划，因为那是重要的商业秘密，是核心竞争力的集中体现。每个投资者水平如何，业绩差异多大，最终都落实在投资计划上。

投资计划的第一项工作，是确定投资目标，即选定具体的投

 投资计划要缜密

制订投资计划，是投资者最重要、最经常性的工作之一。

做好这项工作要有充分的调查研究，有缜密的推理论证，更重要的是要自己拿主意。

不能听信小道消息，不能寄望于幻想，也不能依靠灵机一动。制订投资计划，主要就是为了克服盲目性。

如果投资计划不是建立在严谨的、科学的基础上，那还不如不做。

资品种，投资目标要经过严格的标准检验。其次是制订买卖计划，在什么价位买入、持有多长时间、什么情况下卖出。再者是资金如何分配、动用多少资金、分几批买卖等等。这些都要有清晰、具体、明确的说法，最好是形成文字材料，有据可依，有证可查。

投资计划若采用高风险的策略，保本的投资比例便会比较少，资金的大部分集中在高风险的项目中。这些投资看准了便可以赚大钱，但看错了就可能全部输尽。投资者应给自己留一些后路，譬如，在手中预留大量现金，可以随时调用。这也是一个投资计划，没有计划，后果难以想象。

投资计划也包括每项行动中的细节，例如，止损点的价位如何，止盈点的价位如何，什么时候应该买入，什么时候应该出货等，都应该在入市之前有详尽的分析和结论。

从以上的分析可以看出，投资计划是帮助你增加投资胜算的。要想计划成功，你需要目标先行，在了解自己资产状况的基础之上，做出科学的执行方案。摸清自己的资产是做出投资计划的第一步。

理财链接

资产算清楚了，理财目标也有了，现在要做的就是以个人财产为起点，为了这一个个令人怦然心动的目标设定一个完美的投资计划，做出一个资产配置的方案。

第三章

打造投资组合利器，分散规避理财风险

NIDEDIYIBEN LICAISHU

适度分散，保护自己的资金

经典提示

对于经验不足的投资者来说，保护自己的资金更加重要。由于你没有足够的投资经验帮助你发现机会、抓住机会，相比那些投资老手而言，你的投资将面临更大的风险。这个时候，降低投资风险才是首要考虑的问题，所以，对于你来说，散弹打鸟显然更适合。

理财困惑

有个人现有资金 25000 元，他准备进行投资。现在有五种投资方向，这五种投资方向每年的报酬率也不同，有 +15%、+5%、0%、–5%、–15%，但是投资人并不能确切地知道这五种投资方向分别属于何种报酬率，这个时候，他该怎么投资呢？

如果他将所有的钱投入其中一个方向，那么他只有 2/5 的机会获利，却有 3/5 的概率不赚钱；要是押中了 0% 的投资方向，他还能保住本金；就怕他把所有的钱押进了 –5%、–15% 这两种投资方向，那就要蚀本了。

这样做不是投资，而是赌博。如果你选择这样的方式投资，那么你还不如去掷骰子赌大小，因为那至少有 1/2 的概率获利。告诉你，真正的投资者是讨厌赌博的。

那个人很聪明，他没有成为一个赌博者，去押其中的一个宝，而是把资金分成五等份，分别投资于五个项目。

这样的话，五种不同报酬率的投资方向都有 5000 元的投资。若持有这些投资项目长达 20 年，您认为会获得多少回报呢？

单看报酬率，你也许会嗤之以鼻，认为他的回报一定会回到原点。可是，事实却并非如此。按报酬率计算，他的回报总额其实是 10 万元，是最初投资额的四倍！也就是说，实际上他的投资获得了 7.29% 的年度回报率！

这样的结果一定会让你大吃一惊吧。若论单个投资，你会觉得这个投资组合简直糟透了，因为在五个投资项目当中，竟然有两个一直都在亏损，还有一个 20 年始终没有作为。在这样的情况下，还能赚钱？

不错，这就是分散投资思想在资产配置中的妙处。当你分散投资的时候，只要一部分投资取得佳绩便足够了，而不必全部的投资都有出色的表现。这样不仅可以让你规避风险，还能够保证你的收益。

理财智慧

在投资过程中，到底是集中火力比较威猛，还是散弹打鸟比较有效？对于这个问题，长期以来众说纷纭。不过，关于这一问

分散投资，分散风险

分散投资是一种经得起时间考验的投资策略。

如果你只买了一只股票，一旦选错就很可能会赔个精光，这在投资中非常常见。

但你如果买的是20只股票，不太可能每只股票都涨停，但也不太可能每只都大跌，在涨跌互相抵消之后，就算要赔钱也是小赔，不至于伤筋动骨。

很显然，把全部的钱投资在一只股票上的风险，比分散投资在20只股票上的风险要高得多。

题的争论大多是属于形而上的，作为刚刚开始投资的新手，应该更加注重自己的实际情况，这才是正确的投资思想。

常听人说“不要把所有鸡蛋放在同一个篮子里”，这句话在投资场上可谓老生常谈。虽然巴菲特不赞成这句话，他说：“投资应该像马克·吐温建议的，把所有鸡蛋放在同一个篮子里，然后小心地看好它。”不过，这是对具有丰富经验的投资老手而言的，他们具备看好它的能力与胆识。可事实上，二十几岁的年轻投资者往往缺乏“看好它”的本领。

刚开始投资的投资者不要太相信自己的直觉，因为缺乏经验的直觉并不可靠，你需要的是更加安全的投资法门；孤注一掷并不适合你，分散投资才是你最好的选择，因为从风险管理的角度来看，适度分散可以有效降低投资风险，使收益趋于稳定。

2000 年年初，全球网络、电信、科技股出现了不可思议的大崩盘，很多上市公司的股价下跌超过了 95%，像雅虎、亚马逊，都跌到快没影了。如果你当时把资金全都集中在网络、电信、科技股上，后果可想而知。

理财链接

投资不是赌博，对于新手来说，往往没有经验，也缺乏理论指导，不适合集中火力猛攻的投资方式，进行分散投资，才是最好的选择。

用黄金分割律来理财

经典提示

黄金分割线是一种古老的数学方法，在实际生活中的很多方面都发挥了我们意想不到的作用，如摄影中的黄金分割线，股票中的黄金分割线……

理财困惑

黄金分割的创始人是古希腊的毕达哥拉斯， 他在当时十分有限的科学条件下大胆断言：一条线段的某一部分与另一部分之比，如果正好等于另一部分同整个线段的比，即0.618，那么，这比例会给人一种美感。后来，这一神奇的比例关系被古希腊著名哲学家、美学家柏拉图誉为“黄金分割律”。

但是，“黄金分割律”和理财有什么关系呢?

理财智慧

1. 投资负债要成比例

王伟在上海一家外企工作，妻子是个白领，两人的家庭月收入在 1 万左右，两人有一个正在读六年级的儿子，还有两位老人要赡养。

这样的收入在上海这个城市来说，并不高，但是多年以来王伟一家的财政并没有出现危机，资产也在同步增长，一家人过得很快乐。

这就归结于王伟良好的理财能力，他在平时非常关注自己家庭的财务规划，对家庭的每一笔投资都非常慎重。他在日常工作中还创造性地总结出“黄金分割线”的家庭理财办法，即资产和负债无论怎样变动，投资与净资产的比例（投资资产 / 净资产）和偿付比例（净资产 / 总资产）总是约等于 0.618。这正是他所谓的理财黄金分割点。

正是因为王伟一直在理财黄金分割点的指引下不断调整投资与负债的比例，所以家庭财务状况才相当稳健。

2. 投资额度要设上限

后来，王伟的父母相继去世之后，一家人的负担减轻了，每个月可以少支出 2000 元，不仅如此，王伟还分得了父母留下的 6 万多遗产，此时银行的存款快速增加。在这种情况下，黄金分割点有失衡的可能，于是王伟决定做点投资。

当时他的家庭总资产为 100 万左右，包括银行存款、一套 109 平方米的三居室、货币市场基金和少量股票，其中房贷还有 25 万元没有还清，净资产（总资产减去负债）为 75 万元，投资资产（储蓄之外的其他金融资产）有 39 万元，王伟的投资与净

家庭理财法则

每个家庭都想更好更合理地管理家庭的资金，但是由于没有掌握必要的理财法则，从而使得理财一团糟。哪些是必要的理财法则呢？

1. 量身理财，投资方式要层层递进

每个家庭在理财时都要考虑实际情况和时机，从而建立一个金字塔式的投资结构。安全性较高的投资是金字塔的底部，然后依次递增，建造塔尖。

2. 消费要有节制，不能太盲目

在自己能够承受的范围之内去消费，而且不要去买一些用不到的奢侈品，否则等待你的就只能是高额的信用卡账单和失望的情绪。

3. 投资品种多样化

因为购买多种投资产品的话，就算其中一些会带来亏损，但总有一些投资会带来收益。

资产的比例远低于黄金分割线。

所以加大投资力度是很有必要的。

要让资金快速增长，多投入资金是势在必行的。但是投入是有风险的，很可能会亏损，所以，投入的资金要有上限，要考虑家庭的偿付能力，在偿付比例合理的基础上，再进行合理的理财投资。

3. 借款可优化财务结构

如今，经济风险膨胀，如果偿付能力过低，则容易陷入破产的危机。偿付比例衡量的是财务偿债能力的高低，是判断家庭破产可能性的参考指标。王伟的家庭总资产为 100 万元，其中净资产为 75 万元，而他的房贷还有近 25 万元未还。按照偿付比例的计算公式，王伟的偿付比率为 0.75。

变化范围在 0 到 1 之间的偿付比例，一般也是以黄金分割比例 0.618 为适宜状态，0.75 是个比较理想的数字，即便在经济不景气的年代，这样的资产状况也有足够的债务偿付能力，但 0.75 高于黄金分割数，说明王伟的资产还没有得到最大限度地利用。

理财链接

投资负债要成比例，投资额度要设上限，借款可优化财务结构。同样，黄金分割线的规律也可以用到家庭的投资理财规划中，从而使资产安全地保值增值。

根据实际决定你的资产分配

经典提示

“资产配置”的概念并非近代的产物，早在400年前就已经出现了。莎士比亚在《威尼斯商人》中就传达了“分散投资”的思想——在剧幕刚刚开场的时候，安东尼奥告诉他的老友，其实他并没有因为担心他的货物而忧愁：“不，相信我；感谢我的命运，我的买卖的成败并不完全寄托在一艘船上，更不是倚赖着一处地方；我的全部财产，也不会因为这一年的盈亏而受到影响。”

理财困惑

我们的钱是分成三类的：一类是日常生活开销，像柴米油盐等生活要消费掉的钱，这个钱你肯定不能做风险投资；第二类是保命的钱，有一天，突然有一些应急的事，你要应对这些事情，可能要把它配置到保险上去，这个资金也不能用来做风险投资；第三类，即你可以用来投资的闲置资金，我们对这部分资产会进行一个配置，包括权益类资产，比如股票或股票式基金，固定收益类资产，包括债券、债券型基金、现金类资产、货币市场基金、存款等等。比如，我希望达到每年15%的收益率，那么分解下来可能是：权益类资产占60%，回报为20%；固定收益类资产占30%，回报为8%；现金类产品占10%，回报为2%。算出来就是：

$$60\% \times 20\% + 30\% \times 8\% + 10\% \times 2\% = 14.6\%$$

每年综合回报率为14.6%，已经很高了，按照72法则，差不多五年资产就翻一番呢！

理财智慧

资产配置其实就是指投资者根据个别的情况和投资目标，把投资分配在不同种类的资产上，如股票、债券、房地产及现金等，在获取理想回报之余，把风险降至最低。

作为一个理财概念，我们需要根据每个人投资计划的时限及可承受的风险来配置资产组合。你所有的资产投在不同的产品项下，每个产品有它固有的属性，有些产品属于收益比较好、波动性很高的，但是它也会往下波动。有些产品收益比较低，比如货币基金，或者定期存款。有些产品是随时能变现的，什么时候想用都行，当然收益率就会低。综合所有这些收益率，能符合你的具体情况的组合就是好组合。

作为普通投资者，要想达到自己理财的目的，将个人风险降到最低，重点在于把握资产配置。很多人认为，只有资产雄厚的人，才需要进行资产配置，如果钱本来不多，索性赌一把，就无须再配置了。其实不然，资产配置的本意就是指为了规避投资风险，

资产配置的三种期限

若以投资期限的不同来划分，可将资产配置划分为短期、中期和长期三种方式。

短期产品以银行储蓄、七天滚动型、二十八天滚动型理财产品和货币基金为主。

中期产品由银行理财产品及债券型基金、股票型基金组成。

长期产品则以万能型保险、分红型保险、保本型基金居多，这种产品只有长期持有才能获利。

在资产的配置中应该包含两种及以上，而不是只选择其中一种，只有多种配置组合，才能降低投资风险，保证投资的成功率。

在可接受的风险范围内获取最高收益。其方法是通过确定投资组合中不同资产的类别及比例，以各种资产性质的不同，在相同的市场条件下可能会呈现截然不同的反应，而进行风险抵消，享受平均收益。比如，股票收益高，风险也高；债券收益不高，但较稳定；银行利息较低，但适当的储蓄能保证遇到意外时不愁无资金周转。有了这样的组合，即使某项投资发生严重亏损，也不至于让自己陷入窘境。

那么在国际金融风暴的冲击下，普通人如何做好资产配置呢？

风险偏好是做好资产配置的首要前提，通过银行的风险测评系统，可以对不同客户的风险偏好及风险承受能力做个大致的预测，再结合投资者自身的家庭财务状况和未来目标等因素，为投资者配置理财产品，基金和保险等所占的比重，既科学又直观，在为投资者把握了投资机会的同时又可以降低投资的风险，可以说是起到了为投资者量身定制的效果。

如果已经通过风险测评系统做好了各项产品的占比配置，接下来就要在具体品种的选择上动一番脑筋了。因为同样的产品类型，细分到各个具体的产品上，投资表现往往有好有坏，有时甚至大相径庭，所以做好产品的“精挑细选”也是非常重要的一环。

在不同期限、不同币种、不同投资市场和不同风险层次的投资工具中，需要根据不同客户对产品配置的需求，更能达到合理分散风险、把握投资机会、财富保值增值的目标。

若以风险程度的不同来划分，可将资产配置划分为保守型、稳健型、进取型三大类。保守型配置，由银行储蓄、货币型基金、分红型保险等组成；稳健型配置，由银行理财产品、保本型基金、万能型保险等组成；进取型配置，由偏股型基金、混合型基金、投资联结型保险等组成。

若以投资币种和市场来划分，更有美元、澳元、欧元、港币等理财产品和 QDII 基金可供选择。

另外，作为资产配置的一部分，个人投资者也不应忽视黄金这一投资品种，无论是出于资产保值还是投资的目的，都可以将黄金作为资产配置的考虑对象。像工行的纸黄金、实物黄金和黄金回购业务的展开，也为广大投资者提供了一个很好的投资平台。

理财链接

在如此多的选择前提下，再配合以理财师的专业眼光和科学分析，为投资者精选各种投资工具的具体品种，让你尽享资产配置的好处与优势。

转移风险，不妨试试万能险

经典提示

为了防范风险、确保安全，人类已经充分调动自己的大脑，制造出许多东西。在投资领域，也同样如此，比如保险。

理财困惑

张先生为其刚出生的宝宝阳阳（0岁，男性）投保万能型保险，及附加万能额外给付的重大疾病保险。每期交保险费6000元，连续交费20年，保单年度初交费；投保时选择主险基本保险金额5万元，附加险基本保险金额10万元；在阳阳接受教育期间，张先生可以选择部分领取个人账户价值，作为阳阳的教育基金；从阳阳18周岁起，张先生可以选择调高主险的保障额度至10万元，满足增长的保障需求。假定结算利率处于中等水平情况：

阳阳15岁将拥有143806元的账户价值，可以选择部分领取，作为阳阳的教育基金。如果一直不领取，那么到阳阳50岁的保单周年日，账户价值约为1041293元。

理财智慧

在这个世界上，趋利避害是人的天性，但做任何事情都会有风险，虽然在利益特别高的情况下，仍然有不少人想去搏一搏，但这并不表明他们不惧怕风险。

在现实生活中，许多人似乎对保险并不感兴趣，一些人认为保险没什么用，把钱投在保险上不值得，尤其是很多投资人，更认为保险的收益太低，他们宁可把资金投在风险相对高的股票、债券等项目上。然而，保险的作用不是他们想象的那样毫无益处，事实上，很多精明的投资者恰恰喜欢保险，因为保险是风险转移的最佳手段之一。

买保险就是把自己的风险转移出去，而接受风险的机构就是保险公司。公司集中大量风险之后，运用概率论和大数法则等数学方法，去预测风险概率、损失概率，掌握风险发生、发展的规律，化偶然为必然，化不定为固定，为众多顾虑重重的人提供了保障。

当然，转移风险并非真正排除了风险事故，而是让投保人借助众人的财力，对自己的损失进行弥补，帮助他排忧解难。一些自然灾害、意外事故造成的经济损失一般都是巨大的，是受灾个人无法应付和承受的。而你如果能把个人的巨额损失分散给众人，那么风险就会变得很小。

举个例子，有每栋造价 20 万元的房屋 1000 栋，平均每年有两栋失火受损，假设全部损毁，则每年的经济损失为 40 万元。如果 40 万元的损失由 1000 栋房屋的房主分摊，40 万除以 1000

万能险的不同类型

根据万能险的保障额度的不同，就形成了不同类型的产品：

1. 重保障型

保险金额高，前期扣费也高，投资账户资金少，前期退保损失大。这样的万能险要确保长期持有，才能获得最大的收益。

2. 重投资型

保险金额低，首期扣费也少，投资账户资金较多，退保损失小。因为采用自然费率，年轻人的风险保费很低，既可以做高保障，也可以起到代替储蓄的保值作用。

对于真正的投资者来说，万能保险最大的好处在于，它具有兼顾保障和复利储蓄的功能，能够保证你的最低收益率。

是 400 元，即每栋房屋的房主出资 200 元便可获得 20 万元的经济保障。很显然，这是很划算的做法。

真正懂投资的人都知道：不要把鸡蛋放在同一个篮子里。所以他们经常把资金四等份，平均投资在股票、债券、房地产和保险上。当前面三项获得高收益时，保险正好帮助他们节税；当前面三项遭遇失败时，保险却能及时保障他们的生活经济来源，或给他们提供东山再起的资金。这正体现出保险是一种特殊的投资："平时当存钱，有事不缺钱，万一领取救命钱！"对于投资人来说，保险不仅是关键时刻的救命钱，还是一种重要的投资手段，如果你运用得好，就会给你带来更多收益。

首先，购买保险可以免税。保险赔款用于赔偿个人遭受意外不幸的损失，不属于个人收入，因此不征税，这是《税法》规定的。另外，付给受益人的保险金也不会作为遗产处理，而直接归于受益人，这样可避免继承纠纷，也可以免去遗产税、所得税，而且不必用来抵偿债务。

其次，保单抵押借钱不难。作为一个搞投资的人，借不到钱是很糟糕的一件事。但如果你有保单的话，那么借钱就会很容易，因为你可以用保单作抵押。当投保人资金紧缺时，可申请退保金的 90% 作为贷款。一旦你急需资金，便可以将保单抵押在保险公司，从保险公司取得相应数额的贷款。很显然，投资保险不仅可以让你转移风险，还等于给自己增加了一个信用砝码。

再者，一些人寿产品不仅具有保险功能，而且具有一定的投资价值。就是说，如果在投保期间出现了事故，公司会按照约定付给付金；如果在期间没有发生事故，那么到达给付期后，你所得到的金额不仅会超过你过去所交的费用，而且还有本金以外的其他收益。

作为投资人，你也许对保险的保障功能不是很重视，但是从投资角度来看，以上三点却很明确地告诉我们，保险实际上是一项很合算的投资。如果你了解万能险的话，你就会知道，你是多么需要这样一项投资工具。

万能险，指的是除了支付某一个最低金额的第一期保险费以后，投保人可以在任何时间支付任何金额的保险费，并且任意提高或者降低死亡给付金额，只要保单积存的现金价值足够支付以后各期的成本和费用就可以了。

无论是生活中，还是投资上，我们进行资产配置都要有计划性、目的性，不管怎样的配置方式，最后一定要设定保险栓，因为天有不测风云，人有旦夕祸福，风险是无处不在的，不管你的资产配置多么完美，万一遇到无法掌握的变局，你的所有努力也许就会变成负数，这时候，唯有保险能让你减少损失。

理财链接

如果你进入投资领域，配置个人资产时不妨考虑一下万能险。万能险之所以万能，是因为它融合了保险保障和投资功能。在享有最低保证收益的前提下，帮助持有人追逐长期的、稳健的收益回报机会，成为长期理财的工具之一。

避险组合：债券＋信托贷款类理财产品＋黄金

经典提示

在这个时代，经济泡沫无处不在，从通货膨胀到经济危机，从战乱频繁到天灾不断，面对这些重大的危机，我们必须有专门的避险组合。

理财困惑

2008年9月，国际金融市场发生了剧烈的地震。有158年历史的华尔街第四大投行的雷曼兄弟，轰然倒下；接着，第三大投行美林被美国银行收购才免于破产。接下来的一周，全球股市暴跌。9月15日，道琼斯指数重挫逾500点，创“9·11”恐怖袭击事件以来的最大单日跌幅。美联储原主席艾伦·格林斯潘说，美国正处于百年不遇的金融危机之中。事实上，不只是美国，全球金融市场也是风雨飘摇。

理财智慧

风险永远是投资者首要考虑的问题，绝大多数成功的投资者都是风险厌恶者，说实话，他们基本上不愿意冒大的风险，而是努力采取措施规避风险，稳定自己的收益。为什么那些投资大师能够在跌势剧烈的情况下赚钱？这绝对不只是眼光的问题，再厉害的人也会看走眼，那么他们的绝招是什么呢？告诉你吧，因为他们采用了避险投资组合。

2008 年 9 月 18 日，中国 A 股上证综合指数在盘中触及 1800 点的心理关口，当日傍晚，中国政府宣布将现行双边印花税调至单边印花税。随后，香港股市出现恐慌性抛售，恒生指数在一周之内暴跌 3000 多点。

不过，在这轮恐慌性下跌中，人们发现万绿丛中三处红：债券市场、信贷理财产品和黄金。

首先，我们来看看债券市场的情况：在上证综指触及 1800 点的心理防线的时候，国债指数和企债指数创出两年来新高。很显然，受全球性金融危机的影响，大部分资金已经从股市和楼市流出，于是，过去两年牛市中备受冷落的品种——债券投资开始被投资者关注。事实上，每当股市大幅下挫的时候，债市一般都会成为部分资金的避风港。于是，面对危机的到来，资金纷纷逃离股市，转而进入稳健的债市。

举个例子来看，2005 年股市走入熊市，精明的投资者转而将资金投入了债市，结果在大部分股民亏钱的时候，债市投资者的收益率大多超过了 10%。

事实上，债券不仅是避险产品，还是稳健的投资品。2008 年

对于股票投资的两种错误想法

在股票市场上，一分钟的涨跌变化就可能让你成为富翁，也可能让你迅速变成穷光蛋。在这样的情况下，很多人对股票抱有两种极端的想法：

仅看到股票的高收益而忽视风险

这样的投资者往往由于忽视了风险而赔得彻底。

只看到股票的大风险而不敢尝试去获利

这样的投资者因为高风险而止步于股市，因此失去股市这一赚钱的机会。

很显然，这两种想法都是不对的。作为一个明智的投资者，投资股市是必然的，绝不能因为害怕风险而放弃发财的机会，但同时，也绝不能因为利益而忽视风险。股票通常被视为在高通货膨胀期间可优先选择的投资对象。

在上证综指下跌 54.4% 的情况下，光大银行一款投资债券的稳健型理财产品却获得了 8.89% 的收益率。

即使是牛市，债券也表现不俗。2006 年，普通债券型基金的平均收益率为 15.07%，2007 年，收益率为 17.53%，均成功战胜了当年的 CPI 指数。

实际上，债券市场同样有诸多机会，熟练的投资者完全可以根据自己的实际情况转战南北，如果股市不旺，大可通过债市得到稳健收益，甚至可以通过波段操作进行套利。

除了债券以外，在经济危机期间，最稳健的投资品种都在银行理财产品中，比如信托贷款类理财产品。在 2008 年，多数信贷类产品主要还是以半年期为主，到了现在，最短的产品期限不过七天。越来越多的信贷类产品，给投资者们规划避险组合提供了更多的选择，这也让投资者的投资组合更加合理。

而且，到 2009 年 11 月，有很多银行理财产品都实现了预期收益。在收益告捷的产品中，信贷类产品的表现最为抢眼，不仅跑赢了银行存款利率，甚至出现了收益翻番的景象，在南京，不少银行信贷类理财产品，还出现了少有的提前预订的情况。信贷类产品竟然成了“赚钱机器”，这让很多人大跌眼镜!

从投资稳健的角度来看，信贷类理财产品收益高于银行定期存款，并且风险相对较低，确实是股市不景气时相当不错的避险投资品。

再说黄金市场。相对于股票和基金来说，买黄金属于比较保值的投资，俗话说，“乱世买金，盛世买房”，可见黄金的投资保值价值颇高。

2009年9月18日，国际黄金现货价格创出1980年以来的最大单日涨幅——伦敦黄金暴涨11.12%，已达到864.9美元/盎司。随后的10月份，国际金价屡创新高、惊喜不断，10月5日国际现货黄金以1003美元/盎司开盘。11月前三个交易日接着创下1097美元/盎司的新高。

金市的火爆与股市的低迷两相对比，不难发现其中的规律。由于前期对通胀的担忧，因此刺激了对黄金的通胀保值需求。一旦股市低迷，资本就会大量流入金市，抬高黄金价格。所以，投资黄金也是一种保值避险的选择。

理财链接

债券、信贷类产品和黄金是动荡市场中投资者不能忽视的避险工具，无论是债券、信托贷款类理财产品还是黄金，都是投资过程中不可多得的救市王牌。一旦市场有变，它们是保护资金的极佳避难所。

第四章

玩转储蓄，存下人生的第一桶金

NIDEDIYIBEN LICAISHU

储蓄未必能成富翁，不储蓄一定成不了富翁

经典提示

储蓄是最传统最大众化的投资理财方式，也是人们抵御意外风险的最基本保障。

理财困惑

张莹很不喜欢储蓄，原因是她现在钱少，不需要储蓄。李丽不喜欢储蓄，是因为储蓄要受到限制，不能很好地享受生活。万方也不喜欢储蓄，她觉得储蓄的利息没有通货膨胀的速度快，储蓄不划算……储蓄真的那么让人讨厌吗？有没有一个可以规避上面几点的储蓄好方法呢？

理财智慧

1. 投资大比拼，储蓄未必能成富翁

如果你现在有 20 万元的现金类资产，假设你的年投资收益为 15%，实现翻番达到 40 万元需要多少年？按照复利 72 法则本金翻一番所需时间（年）= 72 ÷ 年收益（不计百分号）。目前

通过正常投资途径实现翻番目标所需要的时间有以下几种：

（1）储蓄。假设一年期的定期存款利率为1.75%，假设利率保持不变，则本金翻一番所需时间：72 ÷ 1.75 = 41.14年。

（2）开放式基金。当前开放式基金的业绩虽然良莠不齐，但也有诸多业绩优秀的基金，如果选择一只好的基金，其回报率为8%，则本金翻一番所需的时间：72 ÷ 8 = 9年。

（3）国债。因为国债很少有一年期的，所以我们以加息后的三年期凭证式国债计算，利率为3.8%，本金翻一番所需的时间：72 ÷ 3.8 = 18.94年。

（4）人民币理财。除了股份制银行外，目前各国有专业银行也都不定期推出人民币理财产品，一年期产品的年收益大概在4%，本金翻一番所需的时间：72 ÷ 4 = 18年。

（5）货币基金。货币基金的年平均收益率一般为3%左右，本金翻一番需要的时间则为：72 ÷ 3 = 24年。

（6）信托。时下信托产品非常热销，年利率大约为8%，购买信托产品，本金翻一番所需的时间：72 ÷ 8 = 9年。

可见，银行储蓄翻番的时间最长，需要41年！因此，要想实现家财的增值，就要转变传统的“有钱只存银行”的老观念，根据自己的风险承受能力，尽量选择收益高的理财产品。

2. 巧用储蓄，储蓄是投资本钱的源泉

生活中，很多人理财的第一步是选择储蓄。有钱就存在银行是老百姓最原始的理财方式，即使在理财形式多样的今天，银行存款仍然是最大众、最保险的理财方式。但许多人忽视了合理储蓄在投资中的重要性，错误地认为只要做好投资，储蓄与否并不重要。其实，储蓄是投资之本，尤其是对于薪水族来说更是如此。

有些人往往错误地希望“等我收入够多，一切便能改善”。事实上，我们的生活品质是和收入同步提高的。你赚得愈多，需要也愈多，花费也相应地愈多。不储蓄的人，即使收入很高，也很难拥有一笔属于自己的财富。其次，储蓄就是付钱给自己。有一些人会付钱给别人，却不会付钱给自己。赚钱是为了今天的生存，储蓄却是为了明天的生活和创业。

倘若我们可以将每个月收入的10%拨到另一个账户上，把这笔钱当作自己的投资资金，然后利用这10%达到致富的目标，利用其他90%来支付其他的费用。也许，你会认为自己每月收入的10%是一个很小的数目，可当你持之以恒地坚持一段时间之后，你将会有意想不到的收获。

3. 如何建立合理的储蓄规划

（1）改变储蓄习惯，采用强迫储蓄的方式。很多人的储蓄习惯是：收入—支出＝储蓄。由于支出的随意性，往往会导致储蓄结果与预期背道而驰。对于这些人而言，应当把算式换作：支出＝收入—储蓄，用强迫储蓄的方式，将一部分资金先存储起来，为将来的投资准备好粮草。

（2）早还贷款早投资。当然如果投资收益能高过贷款利息就另当别论了。

养成储蓄的习惯

储蓄宜早不宜迟，越早储蓄，你就会越早得到积累的财产，越早拥有积蓄展开投资的经费。

写出你的目标，增加存钱动力

是想换一所大点儿的房子？为孩子教育？或去投资？总之，把目标写下来，然后贴在你会经常看到的地方，提醒你时常想起你的目标，增加你存钱的动力。

坚持定期储蓄，让规划顺利进行

活期储蓄尤其是存在借记卡内的钱不经意间就会被花掉，因而不如把自己手中富余的现金存成定期。

定期核查对账单，信用卡要少用

如果有可能，减少你每月从信用卡中支取的金额，或者不到万不得已不用信用卡。

（3）定期为工资换个门户。定期从你的工资账户（或钱包）中取出 100 元、200 元或是 500 元存入你新开立的存款账户中。三个月之后，增加每次取出额。

（4）选择大于努力，储蓄的方式也很重要。相比起活期存款的易支取性来说，开放式基金、投连险这些可以定期定额投资的工具更适合作为储蓄的工具。一是这些工具可以帮助你及早投资，二是取现相对麻烦些，这倒是有可能阻碍你提前支取存款的随意性。

（5）让工资卡动起来，小钱也能增值。对于上班族而言，将钱长时间存放在工资卡里，不但会损失一笔不小的收入，而且也是对自己财产资源的一种浪费。你可以利用银行自动约定转存服务，也就是定期存款账户自动互转。

理财链接

学会储蓄，并制订合理的储蓄规划才是财富积累的良好开端，每一个人都应该养成良好的储蓄习惯。

盘活工资卡，别让工资睡大觉

经典提示

实现工资卡的多功能性，也是节约资金的一个有效方式。

理财困惑

工资卡，一张大家再熟悉不过却又常常忽略的卡片。大家平时工作忙，只把工资卡里的钱随取随用，卡里没用完的资金只能待在银行这个“保险柜”，无形之中让自己的资金变成“睡钱”。你千万别小看了卡里那些零零碎碎的钱，这些钱也会为你的经济增长发挥点作用，前提是你要把这些“睡钱”盘活。

马先生打理工资卡的秘诀是运用“黄金理财方程式”，即“50%定期存款+30%活期存款+20%的理财产品”。

马先生认为，赚钱靠开源节流，但是目前情况下很难开源，只能从节流上做文章。虽然每个月工资有限，但是依靠按比例理财，还是很能积累财富的。每个月，马先生都通过网上银行自动将卡内钱的50%存为三个月的定期存款、20%部分进行理财，剩下的留作日常开销。

一般工资卡里的钱是活期存款，目前活期存款的年利率为0.35%，马先生表示，定期存款收益要远远超过活期存款，如果每个月将 50% 存入定期存款，与活期的收益差距超过五倍，这个数据太可观了。

同时，马先生为了提高收益，还将活期存款存为货币、短债基金。一旦活期存款的金额超过了 2 万元，就自动转为通知存款。

理财智慧

当前，对于不少人来说，工资卡就是一张活期储蓄卡，需要用钱的时候取钱出来，不用的时候钱就当活期放在里面。这样做使工资卡收益很低，不能带来一些理财收益和便利。若是我们以理财的眼光去看工资卡，就可以像马先生一样将工资卡的效益提高。

1. 盘活工资卡之约定转存

约定转存，享受高额利息。工资卡的钱若都是活期的话，那么以目前的 0.35% 活期利率来看，可以说利息少得可怜，而若是你办理了约定转存的业务，你给自己的工资卡约定一个最低的活期额度，超过这个额度的金钱以一个具体时段周期自动转存为相对应的定期，那么你就能享受对应的定期利率，比如说某银行定期三个月的利率是 1.35%，一年期利率高达 1.75%，定期时间越长，利率越高。

2. 盘活工资卡之开通网银

开通网银，用来缴纳水电煤气等费用和办理网购汇款等业务。

若是每次都要去柜台办理水电煤气的费用缴纳，不仅需要花费很多的时间，还可能需要坐车、排队，非常劳累，开通网银后，就可以在公司或者家里的电脑上缴纳费用了，非常方便。还有不少人有网购的习惯或开网店的爱好，那么网银的支付手段就必不可少。这一切，只需要你开通工资卡的网银功能就能在家办理好，同时随着网银安全技术的日益进步，只要规范操作，基本还是很安全的。像网上申购基金、股票资金划转以及外汇交易等业务，就不必耗时耗力地亲自去银行等地一一办理。

3. 盘活工资卡之与信用卡挂钩

与信用卡挂钩，省心省钱。不少银行都推出了信用卡，而信用卡的及时还款问题确是很多人头痛的问题，不仅时间常忘记，而且要去一些网点办理还款手续，需要专门抽时间，也比较麻烦。若是将工资卡与信用卡挂钩，让其自动到期扣款，不仅可以省去还款的麻烦，而且不会因此遭遇罚息和滞纳金，同时又能让你的信用记录保持良好。

另外，现在大家常用的支付宝、微信等，其功能类似于网银和信用卡，也是非常不错的盘活工资卡理财的方式。

理财链接

要想实现存款利息收益的最大化，精打细算是必需的。

细小的累积，往往成就巨大的财富。

“搞不好”定期存款，收益小于活期

经典提示

活学活用货币基金，资金既安全，存取又便捷，而且收益超定期存款，是我们打理零钱的好助手。

理财困惑

张先生拿100万元投资货币市场基金，以3.5%的七日年化收益率计算，其一年后的投资收益约为35000元；而100万元投资储蓄存款（均按照2017年银行存款基准利率计算，一年期1.75%，六个月为1.55%，三个月为1.35%），一年期的投资收益17500元、半年期的投资收益才7750元、三个月的定期存款投资收益更是少至3375元。这还是没有扣除利息所得税的收益，扣除利息所得税后收益更少。

定期存款的收益不如“活期存款”，在很多人眼里，这肯定是不可能发生的事。但还真有此事，只不过这里所指的“活期存款”是货币市场基金而已。

理财智慧

区别于其他类型的基金，货币市场基金仅投资于货币市场，主要是银行间拆借市场、债券市场和票据市场。货币市场利率已经实现了市场化，其投资主体仅限于金融机构。

在成熟的资本市场，证券投资基金主要由股票基金、债券基金和货币市场基金组成。货币市场基金通过提高流动性来降低投资风险，主要投资于流动性强的货币市场工具，包括短期国库券、政府债券、银行票据、商业票据和大额存单等。通常，货币市场工具剩余到期日在一年内，其中绝大多数为 90 天或更少。

2017 年，很多银行的一年期定期存款收益率为 1.75%，而 2017 年许多的货币市场基金的七日年化收益率都在 3.5% 以上（类似于年利率，是指货币市场基金最近七日的平均收益水平，进行年化以后得出的数据。比如，某货币市场基金当天显示的七日年化收益率是 3.5%，并且假设该货币市场基金在今后一年的收益情况都能维持前七日的水准不变，那么，持有一年就可以得到 3.5% 的整体收益。货币市场基金的投资范围导致其性质类似于银行存款，但每日的收益不像银行存款那样是均等的，而是由高到低再到高，一般来讲六天左右是一个周期，单纯地看某一天的每万份收益并不能代表该支基金近期的收益水平，因此使用了七日年化收益率这一指标，且货币基金收益不用纳税，购买货币市场不需要任何费用。

大家现在购买的余额宝、微信理财通其实质就是货币市场基金，只是形式不同而已。

可见，货币市场基金的收益明显高于一年期及以下期限的银行定期存款。而且，货币市场基金流动性好、变现快，具有“收益赛定期、便捷似活期”的特点。

再如，拟投资一年期 100 万元货币市场基金，因急需资金于投资半年之后赎回变现，则收益（收益率假定为 3%）约为 15000 元；而 100 万元的定期存款存了半年后提前支取（按活期利率 0.35% 计算），收益才 2000 多元。这样算来，你会发现收益真是天壤之别。

其实，不只是基金管理公司，券商、银行也看好货币市场基金。券商的集合受托理财，实际就是针对货币市场基金。而银行的代客理财业务、结构性存款，也有不少投资在货币市场。央行货币政策司司长曾公开表示，只要相关法规完成修改，商业银行推出和管理货币市场的基金将不存在障碍。

理财链接

货币市场基金具有流动性强、服务性强的优势，但同时也决定了其低风险、低收益的特点。这对有短期闲置资金的企业有很强的吸引力，获取的利息收入肯定要比银行同期利率高，而且货币市场基金多采用开放式，能够随时赎回取现。

商业银行开发货币市场基金的优势

货币基金在国外又称“准储蓄”，它是一种比储蓄收益更具潜力的投资，许多都是由商业银行发起、管理。而且，开发货币市场基金，商业银行有先天的优势：

其一，银行客户资源丰富。银行本身存、贷款的客户资源就非常多，这一点是银行最显著的优势。

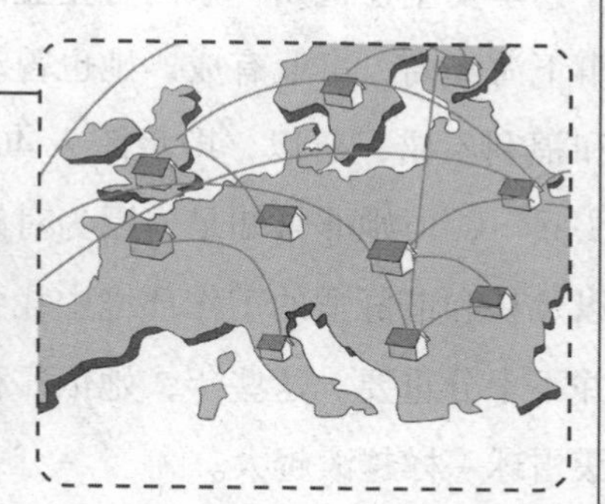

其二，银行网络丰富，在现金管理方面更有优势。银行的分支机构遍布各个地方，管理体系早已成熟。

因此货币市场基金的推出，应该不仅是基金一家的事，商业银行显然更有优势。

积蓄不多如何理财

经典提示

积累财富就像用大头针挖沙子，而财富流失就像将水浇在沙子上。

理财困惑

李女士在杭州一家国有企业的工会工作，这几年看到不少同事下海经商，事业有成，她也曾动过心，但毕竟单位的各种保障和福利不错，所以，即将跨入40岁门槛的她虽然还是一个“大头兵”，但她非常知足，因为对她来说，除了提供正常生活保障以及从和谐舒适的工作环境中找到心理寄托外，这份工作的薪水并不十分重要。这些年，她依靠科学理财，使自己的家庭资产像滚雪球一样越滚越大。

说起家庭理财，李女士从十几年前就开始了。那时她和老公勤俭持家，有了婚后的第一笔积蓄，当时多数人都是“有钱存银行”，而她却用积蓄买了国债。结果五年下来，她的本息正好翻了一番。此后，她又果断地把这笔积蓄投入到了股市中。到2001

年的时候，她的股票总市值已经达到了40万元！而她这时的工资才800元。

积累不多也应该理财。那么，中低收入者该如何理财呢？

理财智慧

1. 开源节流，日积月累

首先必须在日常生活中开源节流。俗话说“勤由俭来败由奢”，应该考虑有计划地储蓄，提议采用“强制性”储蓄。可以设定每月活期账户基数，与银行签订协议以后，由银行帮你理财。每月银行自动将客户活期账户中超出基数部分的钱按设定比例转入定期账户中（例如50%一年定期，30%半年定期，20%三个月定期），这样不知不觉中你就会拥有一笔不小数目的储蓄。

2. 注意收益和时间的匹配

工作几年后有一定积蓄，可以适当进行投资。由于刚开始投资，收入不高，积累的金额有限，建议以收益稳定的理财产品为主，不适宜介入高风险的投资产品。

3. 适时购买自有住房

个人积蓄低于10万元选择租房是比较合适的，虽然租房子有诸多不便，但是有一个自己感觉舒适的居住条件，又不影响日常生活质量，待收入和积蓄到一定水平再考虑购买属于自己的房子。在银行储蓄收益较低的情况下，应该尽早选择购房，既改善居住条件，又可以省下大笔房租。

4. 注重细节，减少财务损失

目前一些银行的个人业务收费五花八门，从跨行取款免费到收费 2 元至 4 元不等，收费范围从取款、查询、小额账户到信用卡透支费用等。建议合理开设银行卡。

理财链接

薪水不高、积蓄不多不等于无财可理。

第五章

慧眼识股，选对股票赚大钱

NIDEDIYIBEN LICAISHU

股票到底是什么

经典提示

彼得·林奇说过，只要用心对股票做一点点研究，普通投资者也能成为股票投资专家。

理财困惑

股票拥有让人变成富豪的魔力。

2005年8月5日晚上，百度无人入睡。在纳斯达克指数的隐现屏上，百度原始股涨幅达到了353.85%，魔术般地以每股122.54美元收盘，一夜之间产生了9位亿万富翁、30位千万富翁和400位百万富翁。

“办公室内除了保洁的姨妈，简直所有人都哭了。”百度一位员工说。

可见，股票也是致富的一条途径，它确实能造就富翁。但对于刚开始投资理财的人来说，股票恐怕还是个熟悉的陌生“人”，股票到底是什么呢？它又是如何运作的呢？

1. 股票的概念

股票是股份公司为筹集资金而发行给股东作为持股凭证并借以取得股息和红利的一种有价证券，又称股份证书。股票是股份公司资本的构成部分，可以转让、买卖或作价抵押，是资金市场的主要长期信用工具。

2. 股票的类型

（1）以投资主体划分

法人股：指企业法人或具有法人资格的事业单位和社会团体以其依法可经营的资产向公司非上市流通股权部分投资所形成的股份。在我国上市公司的股权结构中，法人股平均占 20% 左右。

国有股：指有权代表国家投资的部门或机构以国有资产向公司投资形成的股份，包括以公司现有国有资产折算成的股份。国有股在公司股权中占有较大的比重。

社会公众股：是指中国境内个人和机构，以其合法财产向公司可上市流通股权部分投资所形成的股份。我国公司法规定，单个自然人持股数不得超过该公司股份的千分之五。

（2）以上市地区划分

A 股：又称为人民币普通股票。它是由我国境内的公司发行，提供境内机构、组织或个人（不包括港澳台投资者）以人民币认购和交易的普通票。

B股：又称为人民币特种股票。是指那些在中国大陆注册、在中国大陆上市的特种股票，以人民币标明面值，只能以外币认购和交易。

H股：又称为国企股，是指国有企业在香港上市的股票。

S股、N股：注册地为中国大陆，上市地为新加坡的股票为S股；注册地为中国大陆，上市地为纽约的股票叫N股。

（3）以交易价格高低划分

一线股，是指股票市场上价格较高的股票；二线股，是指价格中等的股票；三线股，是指价格低廉的股票。

（4）以业绩划分

绩优股：指公司经营和业绩良好，每股收益0.5元以上的股票。

垃圾股：是指经营亏损或违规的公司的股票。

红筹股：是指那些在香港上市，但由中资企业直接控制或持有30%股权以上的上市公司股份的股票。

蓝筹股：是指股票市场上，那些在其所属行业内占有重要支配性地位、成交活跃、业绩优良、红利优厚的大公司股票。

题材股：是指具有某种特别内涵的股票，而这一内涵通常会被当作一种选股和炒作题材，成为股市的热点。

ST股：ST是英文Special Treatment的缩写，意即“特别处理”。该政策针对的对象是出现财务状况或其他状况异常的。1998年4月22日，沪深交易所宣布，将对财务状况或其他状况出现异常的上市公司股票交易进行特别处理（Special Treatment），由于“特别处理”，在简称前冠以“ST”，因此这类股票称为ST股。如果那只股票的名字加上“ST”，就是给股民一个警告，该股票存在投资风险，起一个警告作用，但这种股票风险大收益也大；如果加上“*ST”，那么就是该股票有退市风险，希望警惕的意思，具体就是在4月左右，公司向证监会交的财务报表，连续三年亏损，就有退市的风险，一般5月没有被退市的股票可以参与一下，收益和风险是成正比的。

（5）以股东的权利划分

普通股，是指股份企业资金中最基础的部分，随着企业利润的变动而变动。

优先股，是相对于普通股而言的。主要指在利润分红及剩余财产分配的权利方面优先于普通股。

（6）配股与转配股

配股是上市公司根据公司发展的需要，依据有关规定和相应的程序，向原股东进一步发行新股、筹集资金的行为。原股东拥有优先认购权。

转配股又称公股转配股，主要包括上市公司实施配股的过程中，国家股和法人股或因主体缺位或因资金短缺而难以实施配股时，其他法人或个人根据有关制度受让其部分或全部配股权而购买的股票。

转转配股是指个人所持有的转配股在公司按股份事务处理决

议再次筹集配股时，又参与了国有或法人股放弃的配股权，由此获得的股权就称为转转配股。

3. 股票的交易

（1）证券公司

证券公司是指依照《公司法》的规定设立的，并经证监会批准成立、专门经营证券业务、具有独立法人地位的金融机构。在中国只有证券公司才在交易所拥有交易席位，而普通投资者无法直接进入交易所交易。个人只有委托证券公司来交易股票，同时向证券公司缴纳一定的手续费。现在中国的证券公司有 100 多家。

（2）证券交易所

证券交易所就是股票交易所。它是依据国家有关法律，经政府证券主管机关批准设立的集中进行证券交易的有形场所。在我国有四个：上海证券交易所、深圳证券交易所、香港交易所和台湾证券交易所。交易所上的证券品种有股票、国债、企业债券、基金等。

理财链接

股票投资并不难，找好机会试试看。

可以肯定地说不买股票，会失去很多赚大钱的机会。

买卖股票需要弄清楚股票的本质，这样选股才能降低在大方向上出错的概率。

股票的作用

每股股票都代表股东对企业拥有一个基本单位的所有权。股票的作用有三点：

第一，股票是一种出资证明，当一个自然人或法人向股份有限公司参股投资时，便可获得出资的凭证——股票。

第二，持有股票者凭借股票来证明自己的股东身份，参加股份公司的股东大会，对股份公司的经营发表意见。

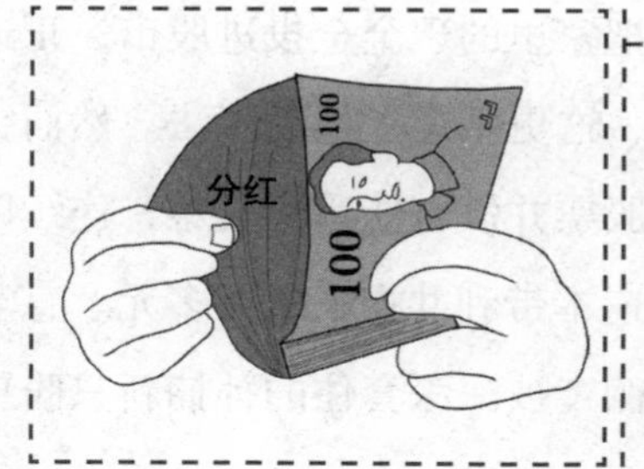

第三，股票持有者凭借股票参加股份发行企业的分红，并以此获得一定的经济利益。

股票怎样入市

经典提示

每一个领域都有其最基本的知识，要进入这一领域，这些知识无论如何都要掌握。

理财困惑

孙楠新刚刚入市，曾在15日内获得翻倍收益。但他此时却乐不起来了，因为孙楠新刚入市时，常常听说股市有风险，所以胆子比较小，初期仅有资金5000元。结果股价翻了100%，瞬间获利5000元。于是心中涌起一个新念头，要是我将家里的10万块钱全搬到股市里炒，岂不是赚发了，只要有50%的利润，都比自己一年的工资高了。

接下来的两个月里，孙楠新把家里的现金全投进股市，正逢股市大好，很快他就赚进2万元，这更坚定了他的想法。然而突遇市场大跌，带给他好运的那只股票并没有能逃离灾难，连续四天累计下跌近50%，先前的投入连本带利共损失6万多元。直至现在股价仍然在6　7元区域徘徊，被深深套住的孙楠新只盼望早日寻到一个好价位，清仓出局。

理财智慧

1. 入市前期准备

（1）准备炒股资金。

股票风险与机会并存，因此一般用自己的闲置资金炒股更安全。进行股票投资需要准备足够的资金，完成开户后，将钱存进自己的股票账户中。

（2）开设股票账户。

第一步，开设沪深股东卡。个人需持本人身份证到离家最近的证券公司办理，法人须持营业执照、法人委托书和经办人身份证办理。

第二步，开立资金卡。本人持股东卡、身份证，在资金柜台办理。

第三步，银证联网。本人持身份证、资金卡、银行储蓄卡（必须按该证券公司要求提前办理），到资金柜台办理。

（3）准备一台能上网的电脑。

开设股票账户以后，下载所属证券公司的交易软件（带行情分析软件）在电脑安装使用。一般用客户号登录网上交易系统，进入系统后，通过银证转账将银行的钱转到证券公司就可以买股票了。开户的当天就可以买深市的股票，第二个交易日可以买上市的股票。当天买的股票只能第二个交易日卖出，卖出股票的钱当天可以买股票，第二个交易日才可以转到银行，转到银行后，马上就能取用。

（4）通过书籍、电视、网络、报纸等多方了解与股市相关的信息，知己知彼方能百战不殆。比如阅读《中国证券报》《证券时报》等。

2. 从A股交易看股票交易费用

A 股交易是双向收费，即买和卖都要缴纳费用，费用主要包括交易佣金、印花税、过户费等。这些费用只有股票成交才收取，撤单后不收取。下面对各种费用做一个介绍。

交易佣金：由证券公司收取，国家规定最高为交易额的千分之三，不能超过，可以下浮，最低为 5 元。具体收取金额各家证券公司各有不同。

印花税：现在为单向收费，买进不收费，卖出收费，费率为千分之一。该项费用国家会根据股市情况不断调整。

过户费：深市不收，沪市收取（交易股数的千分之一，最低为 1 元）。

3. 股票交易规则

（1）交易时间。

交易日：周一 – 周五（法定节日除外）

上午 9：30 – 11：30

下午 13：00 – 15：00

（2）交易单位。

股票的交易单位为“股”，100 股为 1 手，委托买入的股票数量最少为 1 手或其整倍数。对于零股，则只能委托卖出，不能委托买入。

（3）竞价成交。

竞价方式：上午 9：15 – 9：25 集合竞价（集中一次处理全部有效委托）；上午 9：30 – 11：30 和下午 13：00 – 15：00 进行连续竞价（深市比较特殊，14：57 – 15：00 为收盘集合竞价）。

竞价原则：价格优先、时间优先。在股票交易的过程中，价格较高的买进委托优先于价格较低的买进委托，价格较低的卖出委托优先于较高的卖出委托；同价位委托，则按时间顺序优先成交。

（4）涨跌限制。

通常股票交易的涨跌幅度为 ±10%。ST 股涨跌幅限制为 ±5%；新股、复牌等股票的首日不受涨跌幅的限制；创业板的涨跌幅限制除了和主板一样外还有一些特殊规定：如果当日某只股票的股价高于开盘 20% 时，即停止该股票交易 30 分钟，高于 50% 时，再停止 30 分钟。当股价高于开盘价 80% 时，则一直停牌到闭市前的最后 3 分钟，即 14 点 57 分。

4. 资金股份查询

持本人身份证、深沪证券账户卡，到证券商或证券登记机构处，可查询本人的资金、股份及其变动情况。和买卖股票一样，您想更省事的话，还可以使用上网查询和电话查询。

5. 证券账户的挂失

（1）遗失账户卡的股民持身份证到所在地的证券登记机构申请补发。

（2）身份证、账户卡同时遗失，股民持派出所出示的身份证遗失证明（说明股民身份证号码、遗失原因、加贴股民照片并加盖派出所公章）、户口簿及其复印件，到所在地的证券登记机构更换新的账户卡。

（3）为保证您所持有的股份和资金的安全，若委托他人代办挂失、换卡，需公证委托。

6. 一级市场、二级市场是什么

一级市场。指股票的发行市场，在这个股票的初级市场上投资者可以认购公司发行的股票。一级市场让股票发行人筹措到了公司所需的资金，而投资人通过购买股票而成为公司的股东，实现了储蓄转化为资本的过程。

二级市场。指流通市场，是已发行股票进行买卖交易的场所，它们的主要功能在于有效地集中和分配资金。

理财链接

股票应该怎么炒，掌握股票投资的方法技巧、操作规律非常重要。

股票投资最基本的知识包括：股票概念、种类，股市的术语，股票交易的规则等。

炒股，左手思维右手技术

经典提示

吉姆·罗杰斯说道：“我之所以能通过投资赚到大钱，是因为大多数情况下，我都在购买一些自认为价格非常低廉的股票。”

但请注意，吉姆·罗杰斯不是光看价格低廉就去买，而是通过他自己长期练成的技术和思维分析后，买的基本上都是股民举手投降、股市一蹶不振时，受大环境的影响而暴跌的绩优股。

理财困惑

思维与技术是炒股不可或缺的两个方面。炒股，该有哪些思维与技术？还是许多人的一个迷惑点。

所谓科学思维就是符合客观事物及其规律的思维。它包含创造性思维、想象思维和逆向思维。想炒股成功，就需要动用这几种思维来对客观情况进行了解并做出客观的判断。比如想选购股票，就需要了解大盘的走势、政策面、周边市场的情况，而且还要了解个股的基本面、业绩、成长性、题材、投资价值及技术走势等，对上述情况要进行辩证的分析，从而做出自己正确的决策。

不过，这些思维同样是建立在对客观事物及其规律的正确认识的基础上的。只有这样，才能在股市中获胜，成为赢家。

理财智慧

1. 炒股要有科学思维

在股海中什么是正确的思维方式呢？它包括两个方面：首先是正确认识股海中的风险。购买了股票同时也就买入了风险，对风险要有充分的心理准备。其次，要能承担风险。股市中的风险无时无处不在，逃是逃不掉的，只有勇敢面对。所以要培养自身承担一定风险的素质。

科学思维不是一朝一夕形成的。它是在刻苦学习股市运行的客观规律的各种科学知识基础上练就的。只有运用科学思维方式，努力探索股市运行的奥妙，方能在股市中获胜，最终成为大赢家。

2. 炒股必须学技术

股市说它简单就简单，说它复杂就复杂。低买了，高卖了，就盈利了。但哪里是低，哪里是高，却难以把握，因此炒股不能小看了技术，必须用切入本质的技术去对波诡云谲的股市加以评测、判断。

技术分析在初学阶段感觉很容易，可越学越难。当坚持到一定程度时，它又会突然变得很有条理。似乎连上帝也开始眷顾你了，一切都游刃有余。炒股就须借助别人的经验形成自己的方法，

炒股中缺乏思维的表现

缺乏科学思维的人炒股多数以亏损告终。其主要表现为三个方面。

赌徒心态

股市最忌讳的是赌徒心态，但是市场中表现最多的却又是赌徒心态。许多投资者常常在股市中孤注一掷，惨遭损失。

盲目跟风

每当某只个股炒得热火朝天的时候，跟风者总是越来越多，结果都高位被套。

缺乏自己的主见，对股评和传言不加分析全信

股市的发展千变万化、错综复杂、风险莫测。一定要多加分析，去粗取精、去伪存真，不要盲目崇拜，尽信不如不信。

才有可能成功。别迷信专家，钱是你自己的，应该自己支配，支配它的依据就是你的技术。

技术分析是通过价格、成交量等项目的历史行情数据来预测股票价格的走势。它的重点在于以过去市场运作的状况，推出各种规则，作为预测股价未来趋势的基础。一旦你掌握了技术，能够从技术的角度判别基本面的信息影响，就可以避免上当受骗，被人愚弄。关于技术分析，前人给出了很多方法经验，这些都是进入股市不错的切入点，只有不断研习、总结、实践、提高、这个变幻的市场才会有你的利润。

理财链接

技术分析方法是基于“相信历史会重复”这一理念而建立的一套股票操作系统。

市场永远是对的，不要与市场作对，市场的走势有其自身的规律。

熊市中逆向思维多了，牛市中很难做到正向思维。

如何选择一只好股票

经典提示

吉姆·罗杰斯曾说，我一向是不关心大盘涨跌的，我只关心市场中有没有符合我的投资标准的公司。

理财困惑

选股是投资赚钱的关键之一，如果选股不慎，就会血本无归。

夏先生看到周围的同事、朋友纷纷在股市获利，他忍不住也到证券公司开设了自己的股票账户。刚开完户时，他觉得赚钱的机会就在眼前，心里美滋滋的。可一涉及买什么股票，夏先生心里就开始没谱了。股海茫茫，他不知道该选哪只股票。无奈之下，他向堂弟发出了请求。堂弟在金融界工作有几个年头了，也有炒股经验。堂弟就向他推荐了一只股票。

夏先生第一次买股票，胆子比较小，尽管被堂弟看好，但是他还是只买了 1200 股。让夏先生没想到的是，三个交易日后，股票竟然涨了 9%。短短几天 3 万元不到的投资，就赚到了好几千元。

夏先生觉得股票里的钱也太好挣了。接下来他准备大显身手，大干一番。于是夏先把家里所有的存款都转到股票账户上。让他更没想到的是这次却选了一只ST股，历经一个多月的等待依然连日猛跌，夏先生真是苦不堪言。思来想去还是决定留着股票，现在别说赚钱了，连本金也亏损了10%。

选股并不简单，如何才能选到一只好股？

理财智慧

1. 新股民选股的两个盲点

一是犹豫不决，想买某只股票，又怕被套，结果错过了买入的机会。二是贸然出击，几万元、几十万元，甚至是上百万元，脑袋一发热就买了某只并没有做过多少研究的股票。许多人就是在这种“贸然”和“犹豫”中赔得一塌糊涂。

2. 考查三大方面让你选只好股

要想在股市中赚钱，就必须提高自己的选股能力。一般情况，需要考查三个方面。

（1）上市公司所处的行业和发展前景

对公司所处的大行业进行判断是投资股票首要的事。通过对所要投资的股票所属的行业在自己的国家发展前景的考查判断，确定该行业是处在上升周期还是下降周期，是朝阳产业还是夕阳产业，从而对是否投资该股票做出客观抉择。20世纪90年代，我们国家刚刚开始普及彩电，彩电行业是朝阳行业，但是，这个行业是完全竞争的行业，周期比较短。很快，康佳、TCL 全部做起来了，然后彩电行业就陷入了过度竞争，最终就不看好了。所以，选择股票，首先要判断公司处于哪个阶段。

（2）上市公司的竞争优势

上市公司的竞争优势包括六个方面。

第一方面是资源优势。资源就是与人类社会发展有关的、能被利用来产生使用价值并影响劳动生产率的诸要素。每个公司都拥有各自的资源，资源的关键在于稀缺，比如离开了茅台镇就生产不了茅台酒，那么茅台酒厂的资源优势就具有独占性质。这种拥有资源优势的企业股票就是很好的股票。

第二方面是核心竞争力。比如微软的技术优势是世界老大，任何软件产品只有适用 WINDOWS 系统才能很好地生存和发展。因此，微软的这种能力技术优势，就会使企业具有很强的竞争力。

第三方面是品牌优势。有了品牌并不等于有了优势，品牌优势简而言之是企业强大到行业第一的要素。这种优势是巴菲特的最爱，他叫作消费独占。比如茅台号称国酒，比如同仁堂号称国药，比如耐克公司作为世界最好的体育用品公司和运动产品的标识，已深深为全世界特别是年轻一代消费者所喜爱。这种品牌优势会给公司带来巨额的利润。

第四方面是垄断优势。一种称独家生意，例如美国辉瑞药厂的伟哥刚推出来的时候，就是独家生意。一种称寡头垄断，我们在市场上经常能发现，80% 的市场和利润被两至三家最大的生产组织所拥有。投资者选择这种具有垄断优势企业的股票，赚钱的可能性就非常大。

第五方面是政策优势。主要是指政府为加强相关产业的战略位置，制定有利于发展的行业政策与法规，使相关产业形成某种具有限制意义的优势。例如云南白药、片仔癀、马应龙三个公司的产品被列为国家一类中药保护品种，在很长时间内别人都不能生产，甚至也不能叫这个名字。

第六方面是企业管理者的素质。企业的发展，管理水平十分重要。企业的竞争其实就是人才的竞争，企业迅猛发展，离不开高素质的管理者和良好的管理制度。买股票，就是买的上市公司的未来，一个优秀的管理团队势必会带出一个高成长性的上市公司。

（3）查看股价所处的位置

股价是选择股票的重要依据。如果一个好企业的股价已经被炒得很高了，就要等到股价降到合理的位置再买。投资者需要在市盈率的基础上（盈率越低越好），从产业资本的角度去看待价值，有资源、有潜力的股票能给投资者带来超额收益。

3. 选股票的技巧

（1）买股就买“精品”股

股票并不在于多，而在于质量。“精品股”的发展潜力大，利润回报高。

选股票的技巧

投资熟悉的股票

对企业经营情况的熟悉，将使你的投资风险大大降低，但买一堆不熟悉的股票，则会加大你的投资风险。

价格低时买入

“低价买入，高价卖出”是股市投资的基本原则。成功的投资者都会耐心等待，在看到股票价格低于实际价值时，就抓住时机，赶紧买入。

不盲从，不借债

盲目地跟随别人，就无法得到自己的财富。越脱离大众的思维，越可能寻找到成功的捷径。而借债投资，会增加你投资的风险，也会受到双层风险的威胁。

（2）耐心谨慎

不应当将股票投资当作是一朝一夕的事情，想要在进进出出的股市上成为掌握财富的那一小部分人，你必须练就耐心和谨慎的本领。耐心地等待最好的时机，再果断出手。

（3）要有风险意识

如果想要进行股票投资，尤其要小心谨慎。

理财链接

股市新手不仅需要学习一些专业知识，还需要掌握低价选股的方法。

看透股票所代表的上市公司，你就会找到真正有价值的绩优股。

选股需要详细考察、不断权衡，任何草率的行动，都会带来亏损的风险。

炒股要学点儿基本术语

经典提示

开始炒股前认识点儿股票术语可以为你在股海遨游缔造基础，树立根本。

理财困惑

孙小姐看到身边的朋友同事都在股市“分猪肉”，她也不禁心动了。由于没有任何证券知识，她只能通过网络、报纸等了解股票。恰好在某报纸上看到招行权证每股才两块钱，够便宜，当天的涨幅还超过240%。她心想，一天两倍的收益，肯定是好“股票”，于是她暗暗记下了代码，次日便通过电话委托买进了两万元。

然而没几天，当她再去看这只“票”时，发现再也找不到相关内容了。过后才有人告诉她，她买的根本不是股票而是认沽权证。孙女士此时才感到股市的无情，她当初只认为股市是提款机，只要先存点钱进去，之后就可以无限提取。两万块钱的教训，使她认清了股市的风险和自己投资的盲目。

理财智慧

1. 技术面

指反映股价变化的技术指标、走势形态以及K线组合等。技术分析有三个前提假设，即市场行为包容一切信息；价格变化有一定的趋势或规律；历史会重演。由于认为市场行为包括了所有信息，那么对于宏观面、政策面等因素都可以忽略，而认为价格变化具有规律和历史会重演，就使得以历史交易数据判断未来趋势变得简单了。

2. 基本面

包括宏观经济运行态势和上市公司的基本情况。宏观经济运行态势反映出上市公司的整体经营业绩，也为上市公司进一步的发展确定了背景，因此宏观经济与上市公司及相应的股票价格有密切的关系。上市公司的基本面包括财务状况、盈利状况、市场占有率、经营管理体制、人才构成等各个方面。

3. 空头、空头市场

空头是投资者认为现时股价虽然较高，但对股市前景看坏，预计股价将会下跌，于是把股票及时卖出，待股价跌至某一价位时再买进，以获取差额收益。采用这种先卖出后买进、从中赚取差价的交易方式称为空头。人们通常把股价长期呈下跌趋势的股票市场称为空头市场，空头市场股价变化的特征是一连串的大跌小涨。

4. 多头、多头市场

多头是指投资者对股市看好，预计股价将会看涨，于是趁低价时买进股票，待股票上涨至某一价位时再卖出，以获取差额收益。一般来说，人们通常把股价长期保持上涨势头的股票市场称为多头市场。多头市场股价变化的主要特征是一连串的大涨小跌。

5. 利空

利空是指能够促使股价下跌的信息，如股票上市公司经营业绩恶化、银行紧缩、银行利率调高、经济衰退、通货膨胀、天灾人祸等，以及其他政治、经济、军事、外交等方面促使股价下跌的不利消息。

6. 利多

利多是指刺激股价上涨的信息，如股票上市公司经营业绩好转、银行利率降低、社会资金充足、银行信贷资金放宽、市场繁荣等，以及其他政治、经济、军事、外交等方面对股价上涨有利的信息。

7. 开盘价

开盘价是指某种证券在证券交易所每个营业日的第一笔交易，第一笔交易的成交价即为当日开盘价。按上海证券交易所规定，如开市后半小时内某证券无成交，则以前一天的收盘价为当日开盘价。

8. 收盘价

收盘价是指某种证券在证券交易所一天交易活动结束前的最后一笔交易的成交价格。如当日没有成交，则采用最近一次的成交价格作为收盘价。

9. 除息

是由于公司股东分配红利，每股股票所代表的企业实际价值（每股净资产）有所减少，需要在发生该事实之后从股票市场价格中剔除这部分因素，而形成的剔除行为。

10. 除权

是由于公司股本增加，每股股票所代表的企业实际价值（每股净资产）有所减少，需要在发生该事实之后从股票市场价格中剔除这部分因素，而形成的剔除行为。

11. 贴权

是指在除权除息后的一段时间里，如果多数人不看好该股，交易市价低于除权（除息）基准价，即股价比除权除息前有所下降，则为贴权。

12. 填权

是指在除权除息后的一段时间里，如果多数人对该股看好，该只股票交易市价高于除权（除息）基准价，即股价比除权除息前有所上涨，这种行情称为填权。

股市常用三大术语

一提起股市就有很多专有的名词，外行人听不懂或者不知道其中的含义，下面三个是股市常见的三大术语，想要了解股市，就必须了解它的专业术语。

1. 熊市

股票市场上卖出者多于买入者，股市行情看跌称为熊市。这也是广大股民最不想见到的。

2. 牛市

牛市与熊市相反。股票市场上买入者多于卖出者，股市行情看涨称为牛市。

3. 套牢

是指进行股票交易时所遭遇的交易风险。例如投资者预计股价将上涨，但在买进后股价却一直呈下跌趋势，这种现象称为套牢。

13. 洗盘

主力先把股价大幅度杀低，使大批小额股票投资者（散户）产生恐慌而抛售股票，然后再把股价抬高，以便乘机获利。

14. 支撑线

股市受利空信息的影响，股价跌至某一价位时，做空头的认为有利可图，大量买进股票，使股价不再下跌，甚至出现回升趋势。股价下跌时的关卡称为支撑线。

15. 整理

股市上的股价经过大幅度迅速上涨或下跌后，遇到阻力线或支撑线，原先上涨或下跌趋势明显放慢，开始出现幅度为 15% 左右的上下跳动，并持续一段时间，这种现象称为整理。空头激烈互斗而产生了跳动价位，也是下一次股价大变动的前奏。

16. 反弹

在股市上，股价呈不断下跌趋势，终因股价下跌速度过快而反转回升到某一价位的调整现象称为反弹。一般来说，股票的反弹幅度要比下跌幅度小，通常是反弹到前一次下跌幅度的三分之一左右时，又恢复原来的下跌趋势。

理财链接

掌握专业术语是股市入门的必需，但在实践中理解其真正含义及应用方法才是根本。

财务报表有学问，分析有技巧

经典提示

从晦涩的会计程序中将会计数据背后的经济含义挖掘出来，为投资者和债权人提供决策基础。

理财困惑

财务报表能够反映出公司的体质是否健康，但它的样子却吓住了很多人。

林菁刚进入股市不久，对财务报表还不太清楚，可是她常听朋友念叨到它，心中不免对它有几分好奇。可是从哪里能找到她所投资A公司的财务报表呢？朋友为她指了三种方法：交易所网站、三大证券报的网站和A公司的上市网站上。当她看到A公司一页又一页的财务报表和又多又杂的记载项目时，初涉投资的林菁一下子头就大了。那么多数字，如同天书一般，可怎么看呀？烦躁顿时涌上心头……

财务报表里都有啥学问，怎样才能将其一眼看穿？

1. 财务报表的几个表

财务报表记载了公司的资金来源及分布情况，这些看上去有点让人讨厌的数字，却是投资者的最爱。因为它们包括了很多重要的数据和内容。对财务报表进行综合分析，全面研究上市公司的基本面，对投资者大有裨益。投资者不是管理者，不需要关注那么多财务报表，但下面几个一定要了解。

（1）资产负债表

资产负债表分左、右两部分，左边列示资产项目，右边列示负债与股东权益项目。依据“资产＝负债＋股东权益”的会计等式，左右两边的合计数相等。资产负债是静态报表，各项目的数额主要根据有关账户的期末余额填制。

（2）现金流量表

现金流量表是以现金及现金等价物的流入和流出来汇总说明上市公司一年度的经营活动、投资活动和筹资活动的会计报表。现金流量表的最后结果是计算出本期新增加的净现金流量。

（3）多步式利润表

利润表反映了上市公司上一年度的经营成果，是有关收益和损耗情况的财务报表。多步式利润表分步将收入与费用进行配比，计算各类损益。收益表则反映了企业在某一段时间内的获利情况，它与资产负债表的一个显著区别是，当新的会计年度开始时，收益表上的账户都会被结平，其余额为零。

通过对资产负债表、利润表、现金流量表的分析，可以判断出上市公司的财务结构、经营能力、盈利水平和偿债能力。从而达到对公司的初步认识和了解。

2.看懂财务报表有技巧

（1）了解上市公司的主要业务和收入来源

通过观察上市公司最重要的业务收益和该项业务是否具有前瞻性与发展性，来判断公司的未来和前景。一般情况下，好的公司都是非常专注本业的。对于不是非常专注于本业的公司，一定要更仔细地评估。

（2）应收的账款

研究发现发生财务危机的公司，很大的比例都有较多的应收账款或是突然在某一个季度应收账款激增，这可能是该公司财务不实的征兆。很多上市公司通过虚设行号或是以海外子公司的名义购入该公司的产品，实际上并没有真正的购买行为。因此应收账款暗藏许多秘密。

（3）与去年同期或上一季度的数据比较

观察该公司的业务到底呈现成长还是衰退，考察公司的业务是否受到市场肯定以及业务方面是否正确。另外，还可以参考同业的营收数据以评估该公司的市场地位与面对的竞争压力，等等。

（4）净利润和毛利率

如果一家公司体质稳健、管理得当，运营成本就不会太高，也就是毛利率和净利润之间差异不会太大。

（5）现金流量

如果公司现金流缺乏，有可能该公司面临周转不灵的情况；若现金流太多，公司目前对于投资没有把握和信心，同样也是警讯。因为现金流代表的是公司整体的运营状况。

理财链接

应该收账款太高或是某一个季度突然激增，都是财务危机的征兆。

财务分析是为了解一个企业经营业绩和财务状况的真实面目。

想获得高投资回报，一定要学会读财务报表。

学会看盘，炒股要有全局意识

经典提示

威廉·江恩认为，图表能反映出一切股市或公司股民的总体心理状况。

理财困惑

2011年6月4日，李娜历史性地获得法国网球公开赛女单冠军，成为中国乃至亚洲在网球四大满贯赛事上夺得的第一个单打冠军，同时世界排名追至第四位，追平日本选手伊达公子创造的前亚洲女子网球最高排名。李娜再一次激发了国人无比强烈的体育热情和自信。她的成功有很多因素，但是她的沉稳也给人留下了深刻的印象。她的良好的全局观使她很好地掌控了球场的局面。不论是发球还是回球，球的落点和路线质量都很高。正是凭着精湛的球技、良好的视野和心态、极佳的全局观使她拿下了这个具有历史意义的冠军。

对于广大的股票投资者来说，李娜的这种全局观点同样是值得借鉴的。可以说，炒股也要有全局观，只有那些具有全局意识

炒股的全局意识

炒股的全局意识主要体现在两个方面：

其一，重时点，更要重过程

在股市里，投资者比较注重股票在某一时间里的价格，比如最低点和最高点、支撑位和压力位等。这些点位当然很重要，但相对于股指或股价运行的全过程来说，这些又不是最重要的了。

其二，重个股，更要重大势

没有几只股票能够逆势上扬，就算偶尔遇到，也不敢买进，因为它的风险性大，下跌的概率很大。所以在大盘不稳的情况下，想要冒险出击，在看重个股的同时，首先更应看重大盘的走势。

的投资者，才能真正成为股市里的赢家。作为股民，如何从K线图里洞悉大局？全局意识怎样练就？

理财智慧

1. 怎么看盘

看盘主要应着眼于股指及个股的未来趋向的判断，大盘的研判一般从以下四方面来考量。

（1）股指与个股方面选择的研判（观察股指与大部分个股运行趋向是否一致）。

（2）掌握市场节奏，高抛低吸，降低持仓成本（这一点尤为重要），本文主要对个股研判进行探讨。

（3）盘面股指（走弱或走强）背后的隐性信息。

（4）一般理解，看盘需要关注开盘、收盘、盘中走势、挂单价格、挂单数量、成交价格、成交数量与交投时间等。

2. 看盘技巧

看盘技巧对于喜欢短线操作的投资者来说是十分重要的。看盘并不只是看懂了股市处于什么状态就万事大吉了，更重要的是要学会透过现象看本质，学会对综合盘面上的各种信息进行独立的分析、总结并能够做出正确的判断。

要做到如何准确地分析盘面的变化，首先应知道主力是如何做盘的。主力在盘口的任何动作都有三种目的：拉抬、洗盘、出货。

要在盘口变化中读懂具体动作的含义，是实战中不可缺少的基本功。

3. 如何培养全局意识

全局意识在股票投资中简而言之就是：洞悉全局——看得明白，权衡利弊——想得明白，掌控未来——做得明白。全局意识是每一位优秀投资者不可缺少的基本素养。培养全局意识应从以下三方面着手。

首先，需要从心态和性格上培养。稳定的心态可以沉着应对风险和机遇。坚毅的性格能够克服成功道路上的“障碍”。宽广的胸襟能够“看”得更远。

其次，需要在市场中磨炼和积累知识经验。多方向、多层次地吸收一切有用的知识，学习总结前人失败的教训，不断丰富自己的经验和阅历。这些是深层次分析问题的源头。

最后，培养正确的思维方式。如果一名投资者连“如何看问题”都没有学会，那更谈不上“权衡”二字了。所谓权衡，就是全面细致地分析比较。在头脑冷静的前提下权衡的结果就是：寻找趋势→挖掘趋势→引导趋势→顺应趋势。

理财链接

看盘只是一种手段，一种窥测股市风云、预知股价走势的手段。

学会了看盘，就有了一双翱翔股市的翅膀。

第六章

精选债券，当一个稳赚不赔的『债主』

NIDEDIYIBEN LICAISHU

什么是债券信用评级

经典提示

与储蓄相比，债券具有较高的收益率，与股票相比，债券又具有低风险的优势。

理财困惑

张华购买的债券早都到期了，可是迟迟不见分红。张华急不可耐，就去请教理财师，后来才知道，债券投资虽然风险很小，但也有风险。他目前这种情况就属于信用风险。即：如果发行者到期不能偿还本息，投资者就会蒙受损失。债券的信用风险因发行后偿还能力不同而有所差异，对广大投资者尤其是中小投资者来说，事先了解债券的信用等级是非常重要的。张华后悔当初没了解清楚就开始投资。

理财智慧

债券信用评级大多是企业债券信用评级，是对具有独立法人资格企业所发行某一特定债券，按期还本付息的可靠程度进行评估，并标示其信用程度的等级。

1. 债券信用评级机构

目前国际上公认的最具权威性的信用评级机构，主要有美国标准·普尔公司和穆迪投资服务公司。上述两家公司负责评级的债券很广泛，包括地方政府债券、公司债券、外国债券等，由于它们占有详尽的资料，采用先进科学的分析技术，又有丰富的实践经验和大量专门人才，因此它们所做出的信用评级具有很高的权威性。标准·普尔公司信用等级标准从高到低可划分为：AAA级、AA级、A级、BBB级、BB级、B级、CCC级、CC级、C级和D级。穆迪投资服务公司信用等级标准从高到低可划分为：Aaa级，Aa级、A级、Baa级、Ba级、B级、Caa级、Ca级、C级和D级。前四个级别债券信誉高、风险小，是“投资级债券”，第五级开始的债券信誉低，是“投机级债券”。

标准·普尔公司和穆迪投资服务公司都是独立的私人企业，不受政府的控制，也独立于证券交易所和证券公司。它们所做出的信用评级不具有向投资者推荐这些债券的含义，只是供投资者决策时参考，并不承担任何法律上的责任。

2. 债券信用等级标准

（1）A级债券，是最高级别的债券，其特点是：第一，本金和收益的安全性最大；第二，它们受经济形势影响的程度较小；第三，它们的收益水平较低，筹资成本也低。

 为什么要对债券信用进行评级

对债券信用进行评级的原因有两方面：

1. 方便投资者进行债券投资决策

事先了解债券的信用等级对投资者来说非常重要。

2. 减少信誉高的发行人的筹资成本

一般说来，资信等级越高的债券，越容易得到投资者的信任，能够以较低的利率出售。

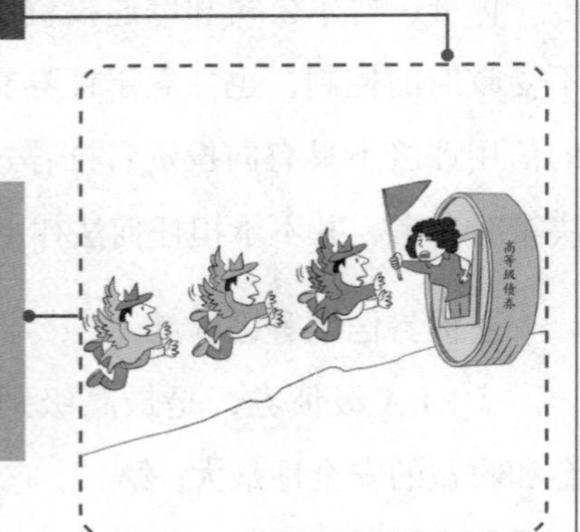

对于A级债券来说，利率的变化比经济状况的变化更为重要。因此，一般人们把A级债券称为信誉良好的“金边债券”，对特别注重利息收入的投资者或保值者是较好的选择。

（2）B级债券，对那些熟练的证券投资者来说特别有吸引力，因为这些投资者不情愿只购买收益较低的A级债券，而甘愿冒一定风险购买收益较高的B级债券。B级债券的特点是：第一，债券的安全性、稳定性以及利息收益会受到经济中不稳定因素的影响；第二，经济形势的变化对这类债券的价值影响很大；第三，投资者冒一定风险，但收益水平较高，筹资成本与费用也较高。

因此，针对B级债券的投资，投资者必须具有选择与管理证券的良好能力。对愿意承担一定风险、又想取得较高收益的投资者，投资B级债券是较好的选择。

（3）C级和D级，是投机性或赌博性的债券。从正常投资角度来看，没有多大的经济意义但对于敢于承担风险、试图从差价变动中取得巨大收益的投资者，C级和D级债券也是一种可供选择的投资对象。

理财链接

证券市场参与者只需看到这些专用符号便可得知其真实含义，而无须另加复杂的解释或说明。

发行者不能偿还本息是投资债券的最大风险，称为信用风险。

如何进行债券交易

经典提示

债券的交易分为场内、场外两大类，这两类交易的流程方法各异。

理财困惑

债券是一种金融契约，是政府、金融机构、工商企业等直接向社会借债筹措资金时，向投资者发行，同时承诺按一定利率支付利息并按约定条件偿还本金的债权债务凭证。债券的本质是债的证明书，具有法律效力。债券具有以下四个特征：偿还性、流动性、安全性、收益性。它的基本要素包括：票面价值、偿还期限、票面利率、付息方式、债券价格、偿还方式、信用评级。

这是刘伟在进入债券投资前对债券的了解。尽管他能够非常清晰地理解这些，一旦到实际操作，他还是有点儿力不从心。这债券具体怎么交易呢？债券交易的方法又有哪几种？

理财智慧

1. 进入债券市场基本须知

申购账户	深、沪证券账户或基金账户	申购代码	深市：1016**或1017** 沪市：751***
申购价格	挂牌认购价为100元	申购单位	以“手”为单位（1手为1000元面值），为1手或其整数倍
申购费用	无需缴纳任何费用	交易规则	每周一－周五，每天上午9：30－11：30，下午1：00－3：00。法定公众假期除外
交易程序	国债的交易程序有五个步骤：开户、委托、成交、清算和交割、过户	价格最小变化档位	债券的申报价格最小变动单位为0.01元人民币
交易方式	T+0，国债现货交易允许实行回转交易。即当天买进的债券当天可以卖出，当天卖出的债券当天可以买进	交易清算	债券结算按T＋1方式进行

2. 债券的交易方式

（1）现货交易

买入债券。你可直接委托证券商，采用证券账户卡申报买进。买进债券后，证券商就会为你打印证券存折，以后即可凭证券存折再行卖出。

卖出债券。对于实物债券，在卖出之前你应事先将它交给你开户的证券结算公司或其在全国各地的代保管处进行集中托管，这一过程可委托证券商代理，证券商在受到结算公司的记账通知书后再为你打印债券存折，你就可委托该证券商代理卖出你所托管的债券。对于记账式债券，你可通过在发行期认购获得，再委托托管证券商卖出。

（2）回购交易

就是将债券抵押给资金贷出方，获得资金，最后归还资金本息以赎回债券。从交易发起人的角度出发，凡是抵押出债券、借入资金的交易就称为进行债券正回购交易；凡是主动借出资金、获取债券质押的交易就称为进行逆回购交易。正回购方就是抵押出债券，取得资金的融入方；而逆回购方就是接受债券质押，借出资金的融出方。

回购协议的利率是你和对方根据回购期限、货币市场行情以及回购债券的质量等因素议定的，与债券本身的利率没有直接关系。所以，这种有条件的债券交易实际上是一种短期的资金借贷。一般来说，回购交易是卖现货买期货，逆回购交易是买现货卖期货。

（3）期权交易

期权交易是一种选择权的交易，双方买卖的是一种权利，也就是你和对方按约定的价格，在约定的某一时间内或某一天，就是否购买或出售某种债券，而预先达成契约的一种交易。

具体做法是：你和交易对方通过经纪人签订一个期权买卖契约，规定期权买方在未来的一定时期内，有权按契约规定的价格、数量向期权卖方买进或卖出某种债券；期权买方向期权卖方支付一定的期权费，取得契约，这时期权的买方就有权在规定的时间内根据市场行情，决定是否执行契约，若市场价格对其买入或卖出债券有利，他有权按契约规定向期权卖方买入或出售债券，期权卖方不得以任何理由拒绝交易，若市场价格对其买入或卖出债券不利，他可放弃交易任其作废，他的损失就是购买期权的费用，或者是把期权转让给第三者来转嫁风险。期货交易又有买进期权、卖出期权和套做期权三种。

（4）期货交易

当估计手头的债券其价格有下跌趋势，你又不想马上将债券转让出去，但是你又想将这个价格有可能下降的风险转让给别人；或者你估计某种非你持有的债券价格将要上涨，你想买进，又不想马上将该债券买进，但你确实想得到这个价格有可能上涨的收益，你可通过委托券商来将你和买卖对方进行撮合，双方通过在期货交易所的经纪人谈妥了成交条件后，先签订成交契约（标准化的期货合约），按照契约规定的价格，约定在你估计的降价或涨价时间之后再交割易主，这样你就达到了预期目的。当然，情况和估计的相反时，你就不能等到交割的那一时刻了，可在期货到期前的任一时间上做两笔金额大致相等、方向相反的交易来对冲了结。

3. 怎样计算债券收益

债券收益率是债券收益与其投入本金的比率，通常用年率表示，债券收益不同于债券利息。由于人们在债券持有期内，可以在市场进行买卖，因此，债券收益除利息收入外，还包括买卖盈亏差价。

投资债券，最关心的就是债券收益有多少。为了精确衡量债券收益，一般使用债券收益率这个指标。决定债券收益率的主要因素，有债券的票面利率、期限、面额和购买价格。最基本的债券收益率计算公式为：

债券收益率＝（到期本息和－发行价格）÷（发行价格 × 偿还期限）×100%

由于持有人可能在债券偿还期内转让债券，因此，债券收益率还可以分为债券出售者的收益率、债券购买者的收益率和债券持有期间的收益率。各自的计算公式如下：

出售者收益率＝（卖出价格－发行价格＋持有期间的利息）÷（发行价格 × 持有年限）×100%

购买者收益率＝（到期本息和－买入价格）÷（买入价格 ×

影响债券投资收益的因素

债券的投资收益主要由两部分构成：一是来自债券固定的利息收入，二是来自市场买卖中赚取的差价。这两部分收入中，利息收入是固定的，而买卖差价则受到市场较大的影响。而在市场上，是什么在影响债券的收益呢？

1. 债券的票面利率

债券的票面利率因为发行者信用度不同、剩余期限不同等原因而各有差异。一般，债券票面利率越高，债券利息收入就越高，债券收益也就越高。

2. 银行利率与债券价格

由债券收益率的计算公式可知，银行利率的变动与债券价格的变动呈反向关系，即当银行利率升高时，债券价格下降，银行利率降低时，债券价格上升。

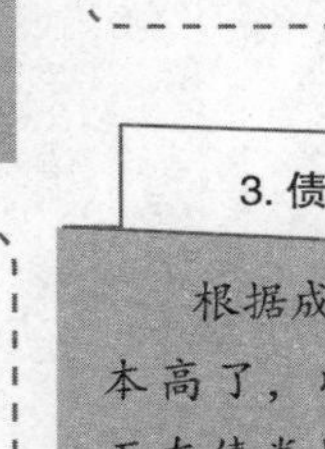

3. 债券的投资成本

根据成本与收益原理，成本高了，收益自然会降低。而在债券投资中，成本大致有购买成本、交易成本和税收成本三部分。

剩余期限）×100%

持有期间收益率＝（卖出价格－买入价格＋持有期间的利息）÷（买入价格 × 持有年限）×100%

以上计算公式并没有把获得利息以后，进行再投资的因素量化考虑在内。把所获利息的再投资收益计入债券收益，据此计算出的收益率即为复利收益率。

理财链接

债券是一种虚拟资本，其本质是一种债券债务证书。

在众多令人眼花缭乱的金融投资品中，债券具有自身独特的优点。

怎样才能买到好债券

经典提示

好债券，要经过精挑细选之后才能崭露头角。

理财困惑

老李进行债券投资，看中的就是债券的三大特点：相对的安全性、良好的流动性以及较高的收益性。但是，债券发行的单位不同，其他因素也不同，所以这三种特点在各种债券上的体现也不同。

挑挑选选，到底要买什么样的债券，老李的心里还没有定论。该如何挑选，利用什么样的规则挑选？老李疑虑重重。

理财智慧

1. 债券选择三性

（1）注重安全性

安全性，总是被摆在首位。因为这也是债券的最大特点。国库券以其特有的优势——有国家财政和政府信用作为担保，而在各种债券中脱颖而出。它的安全程度非常高，几乎可以说是没有风险。金融债券相对就略输一筹，好在金融机构财力雄厚、信用度好，所以仍有较好的保障。企业债券以企业的财产和信誉作担保，与国家和银行相比，其风险显然要大得多。一旦企业经营管理不善而破产，投资者就有可能收不回本金。所以，想要稳定投资，国库券和金融债券都是不错的选择。债券的资信等级越高，表明其越安全。但这种等级评价也不是绝对的，而且有很多债券并没有评定等级，因此，购买债券最好能做到对投资对象有足够的了解，再决定是否投资。

（2）关注流动性

金融债券不流通，就等于是一堆废纸，而且其价值也就体现在流通的过程中。所以流动性的对比分析，自然是少不了的。

（3）看好收益性

收益好不好，没有比这更值得你关注的事情了。根据投资的原理，风险与收益成正比。如果你想得到高回报，就应将钱投在风险高的债券上。而这时候，债券的选择顺序就变成了企业债券—金融债券—国债。有的人希望风险和安全能两全，尽管这很难兼顾，但是也不妨根据自己的条件来进行比较分析，选出自己满意的收益率。

2. 选择债券三个关键词

久期、到期收益率和收益率曲线。这些名词对于投资者选择债券来说都意义重大。

如何分析债券的流动性

分析债券的流动性，要看以下两点：

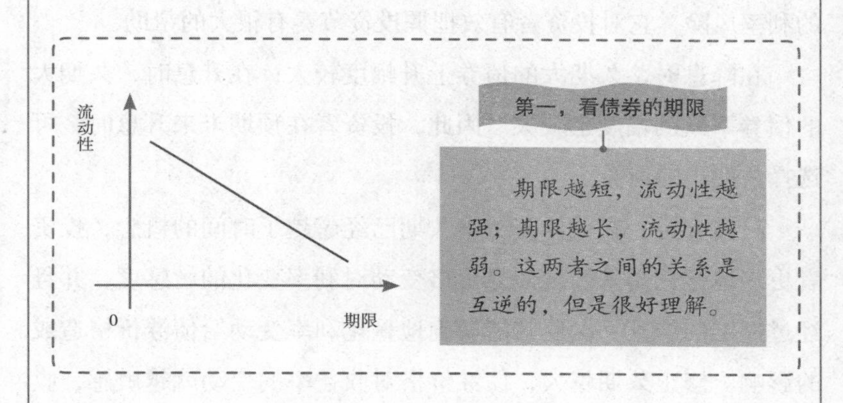

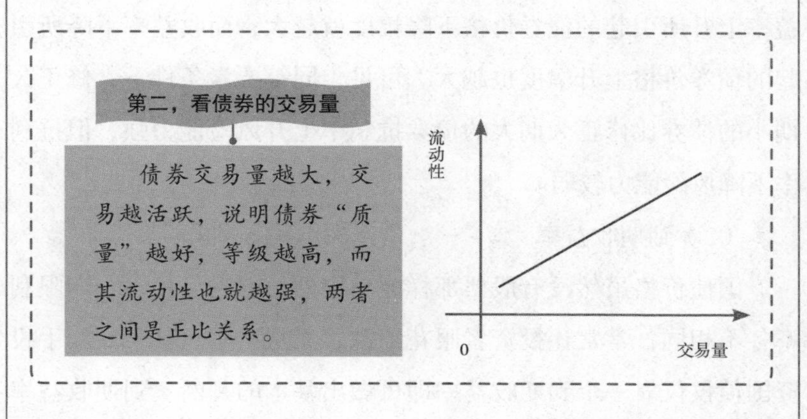

只有流动起来的债券才有投资收益，因此，在投资债券时，一定要了解债券的流动性。

（1）久期

久期在数值上和债券的剩余期限近似，但又有别于债券的剩余期限。在债券投资里，久期被用来衡量债券或者债券组合的利率风险，它对投资者有效把握投资节奏有很大的帮助。

在降息时，久期大的债券上升幅度较大；在升息时，久期大的债券下跌的幅度也较大。因此，投资者在预期未来升息时，可选择久期小的债券。

目前来看，在债券分析中久期已经超越了时间的概念，投资者更多地把它用来衡量债券价格变动对利率变化的敏感度，并且经过一定的修正，以使其能精确地量化利率变动给债券价格造成的影响。修正久期越大，债券价格对收益率的变动就越敏感，收益率上升所引起的债券价格下降幅度就越大，而收益率下降所引起的债券价格上升幅度也越大。可见，同等要素条件下，修正久期小的债券比修正久期大的债券抗利率上升风险能力强，但抗利率下降风险能力较弱。

（2）到期收益率

国债价格虽然没有股票那样波动剧烈，但它品种多、期限利率各不相同，常常让投资者眼花缭乱、无从下手。其实，新手投资国债仅仅靠一个到期收益率即可做出基本的判断。到期收益率＝固定利率+（到期价－买进价）÷持有时间÷买进价。举例说明，某人以98.7元购买了固定利率为4.71%、到期价100元、到期日为××年8月25日的国债，持有时间为2433天，除以360天后折合为 6.75 年，那么到期收益率就是 4.96%。

准确计算你所关注国债的收益率，才能与当前的银行利率做比较，做出投资决策。

（3）收益率曲线

债券收益率曲线反映的是某一时点上，不同期限债券的到期收益率水平。

投资者还可以根据收益率曲线不同的预期变化趋势，采取相应的投资策略的管理方法。如果预期收益率曲线基本维持不变，而且目前收益率曲线是向上倾斜的，则可以买入期限较长的债券；如果预期收益率曲线变陡，则可以买入短期债券，卖出长期债券；如果预期收益率曲线变得较为平坦，则可以买入长期债券，卖出短期债券。如果预期正确，上述投资策略可以为投资者降低风险，提高收益。

理财链接

投资债券，首先必须深入了解债券。然后根据自己的实际情况正确地选择债券。

不了解投资目标的基本，就很容易受投资的亏损。

国库券是国债吗

经典提示

当股票、基金市场低迷时，金融机构人士建议，在股市等资本市场惨淡期，投资理财可考虑选择风险相对低的记账式国债。

理财困惑

在股市、基金等市场低迷期，由于投资债券的资金增多，往往会导致债券票面价格上涨，因此，投资记账式国债除可获得利息收入外，还可以通过日常交易操作获得差价收益。

但是，什么是国债？什么是国库券？二者的区别和联系分别是什么？投资新手面对国家发行的国库券产生了这样的疑问。

理财智慧

1. 国库券与国债的区别

国债是由政府发行的债券。与其他类型债券相比较，国债的发行主体是国家，具有极高的信用度，被誉为“金边债券”。国库券是中央政府发行的期限不超过一年的短期证券，是货币市场

如何买卖国债

国债，因收益率较高、风险小而引起很多人投资。如何买卖国债可以得到较高收益，这里有一些技巧。

上重要的融资工具。发行国库券的主要目的在于筹措短期资金，解决财政困难。当中央政府的年度预算在执行过程中发生赤字时，国库券筹资是一种经常性的弥补手段。

国库券是国债的一种，类似于一张钞票，上面标有面额，例如 10 元、100 元等，可以像钞票那样进行交易流通。不过国库券是不记名的，不能挂失，不容易保存，现在几乎不再发行国库券，主要发行凭证式、储蓄式和记账式国债三种。

2. 如何鉴别国库券

国库券是国家为了筹措财政资金，而向投资者出具的承诺在一定时期支付利息和到期还本的债务凭证。一些不法分子为了牟取暴利，不择手段地大肆制造假国库券。为了维护国家债券信誉，使国家和广大人民群众最大限度地少受损失，现将怎样识别假国库券知识介绍如下：

首先可采取一看、二摸、三听、四测的鉴别方式。一看，是指看国库券的颜色是否饱满，图案和水印是否清晰。二摸，是指摸国库券纸质是否挺括，券表面是否有凸凹不平的感觉。三听，是指用手轻抖国库券，听声音是否清脆。四测，是指利用简单的防伪工具，查看国库券是否有防伪标记，防伪标记是否清晰。

（1）纸张：假国库券一般采用社会普通印刷纸，纸张松软，韧性差，用手抖动时声音发闷，大小与真券不同。在荧光照射下有不连续的荧光团。

（2）防伪纤维：假国库券中的纤维一般有两种，一是粘到表面，可从表面剥离；二是通过无色荧光油墨印刷到纸上或用彩色笔描到纸上，不能从纸中剥离。

（3）水印：假国库券纸张中多数没有水印，有的伪造者用淡色油墨印刷到券面的正面或背面充当水印，这种假水印没有层次和立体感，不用迎光透视，平放时即可看出。

（4）五色荧光印记：“仟圆假券”中印有与真券相似的五色荧光印记，荧光强度比真券弱，且层次感不强。

（5）印刷：假国库券正反面均为实线胶印，没有立体感。图案的颜色和真券相比有些发黄。

（6）防复印印记：假国库券用复印机复印后，会出现“GKQ”字样。

（7）冠字号码：假国库券采用非证券专用号码，码子粗糙，大小不一，排列不整齐，左右距离不等。

（8）缩微文字：假国库券上缩微文字字迹不清，目前最先进的复制技术都不能复制。

（9）隐形图案：目前最先进的复制技术也不能再现这种效果。

理财链接

国债是国家信用的主要形式。中央政府发行国债的目的往往是弥补国家财政赤字，或者为一些耗资巨大的建设项目以及某些特殊经济政策乃至为战争筹措资金。由于国债以中央政府的税收作为还本付息的保证，因此风险小，流动性强，利率也较其他债券低。

债券投资的策略与技巧

经典提示

投资债券要讲究策略，可以让投资获得良好收益。

理财困惑

5 元钱一张的国库券你见过吗？郑州市民李女士搬家收拾房子的时候，在箱子底下找到了一叠 1988 年的国库券。一张 5 元，一共 40 张，面值 200 元。其实这 40 张国库券 1993 年就应该到期了，可能当时她妈妈放在箱子底儿藏着，结果自己也忘了有这回事。这次搬家收拾东西，这 40 张国库券才有机会重见天日。不过作为国家债券，这种国库券不支付逾期利息，这意味着，这些国库券在兑付的时候，只能按照票面上五年的期限，以每年 10% 的利率支付本息，也就是说，一张五元的国库券可以兑付 7.5 元。200 元在 20 多年前是笔巨款，现在只是零花钱。

虽然债券投资风险小，但也不能不当回事。要不然也会像李女士那样，让经历了二十多年的“巨款”成了零花钱。

理财智慧

1. 明确影响债券价格波动的因素

首先，市场利率水平决定债券的价格高低。市场利率越高、债券价格越低；市场利率越低、债券价格越高。影响市场利率短期波动的因素有：银行存贷款利率水平、市场资金供给状况、人们对利率升降的预期等。

其次，个券的到期收益率是衡量个券价格水平的主要指标。一般来讲，剩余期限相同的债券到期收益基本相同、剩余期限长的债券到期收益率高于剩余期限短的。债券的剩余期限与票面利率也影响债券价格的波动。一般来说，剩余期限长的券种价格对利率波动更加敏感，市场利率水平上升，剩余期限长的券种价格下跌幅度要大，反之亦然；而剩余期限相同，票面利率低的券种价格相对利率波动更加敏感。

2. 利用时间差提高资金利用率

一般债券发行都有一个发行期，如半个月的时间。如在此段时间内都可买进时，则最好在最后一天购买；同样，在到期兑付时也有一个兑付期，则最好在兑付的第一天去兑现。这样，可减少资金占用的时间，相对提高债券投资的收益率。

3. 卖旧换新技巧

在新国债发行时，提前卖出旧国债，再连本带利买入新国债，所得收益可能比旧国债到期才兑付的收益高。这种方式有个条件：

必须比较卖出前后的利率高低，估算是否合算。

4. 利用市场差和地域差赚取差价

通过上海证券交易所和深圳证券交易所进行交易的同品种国债，它们之间是有价差的。利用两个市场之间的市场差，有可能赚取差价。同时，可利用各地区之间的地域差，进行贩买贩卖，也可能赚取差价。

5. 选择高收益债券

债券的收益是介于储蓄和股票、基金之间的一种投资工具，相对安全性比较高。所以，在债券投资的选择上，不妨大胆地选购一些收益较高的债券，如企业债券、可转让债券等。特别是风险承受力比较高的家庭，更不要只盯着国债。

6. 讲究投资组合

个人投资国债，应根据每个人的具体情况，以及资金的长短期限来安排。对收益的稳定性要求较高的投资者，在资金允许的条件下进行组合投资能保证收益的稳定性。对于有三年以上或更长时间的闲置资金，可购买中、长期国债。一般国债的期限越长利率就越高。对于短期的闲置资金者，可购买记账式国债或无记名国债，等等。

理财链接

市场的实际利率决定债券价格。当市场实际利率发生变动时，就会导致国债价格的涨跌。

如何规避债券风险

经典提示

正确评估债券投资风险，是投资者在投资决策之前必须要做好的工作。

理财困惑

债券投资是一种风险投资，须对各类风险有比较全面的认识，采取多种方式规避风险，力求在一定的风险水平下使投资收益最大化，这应该是对投资债券的朋友的警告。规避风险从哪几方面着手呢？

理财智慧

1. 债券存在七方面风险

（1）购买力风险。是指由于通货膨胀而使货币购买力下降的风险。通货膨胀期间，投资者实际利率应该是票面利率扣除通货膨胀率。

（2）经营风险。是指发行债券的单位管理与决策人员在其

如何规避债券投资风险

债券投资也是一种风险投资，想要在债券投资领域获利，就应该学会如何规避风险。

1. 避免不健康的投资心理

要防范风险还必须注意一些不健康的投资心理，赌博心理、孤注一掷往往会导致血本无归；嫌贵贪低，因贪图便宜易导致持有一堆蚀本货，最终不得不抛弃而一无所获。

2. 选择多品种分散投资

有选择性地购买不同企业的各种不同名称的债券，可以使风险与收益多次排列组合，能够最大限度地减少风险或分散风险。

当然，债券投资的风险并不是做到了上述两点就完全可以规避，但是只要有一个正确的投资心态，并分散投资风险，那么就一定可以降低投资风险。

经营管理过程中发生失误，导致资产减少而使债券投资者遭受损失。

（3）利率风险。利率是影响债券价格的重要因素之一，当利率提高时，债券的价格就会降低，此时便存在风险。

（4）流动风险。这是指投资者在短期内无法以合理的价格卖掉债券的风险。市场上的债券种类繁多，所以也就有冷热债券之分。对于一些热销债券，其成交量周转率都会很大。相反，一些冷门债券，有可能很长时间都无人问津，根本无法成交，实际上是有行无市，流动性极差，变现能力较差。如果持券人非要变现，就只有大幅度折价，从而造成损失。

（5）再投资风险。购买短期债券，而没有购买长期债券，会有再投资风险。例如，长期债券利率为14%，短期债券利率为13%，为减少利率风险而购买短期债券。但在短期债券到期收回现金时，如果利率降低到10%，就不容易找到高于10%的投资机会。

（6）事件风险。债券期限的长短对风险是不起作用的，但由于期限较长，市场不可预测的时间就多，而愈临近兑换期，持券人心里感觉就越踏实。所以在市场上，对于利率水平相近的债券，期限长的其价格也就要低一些。

（7）违约风险。发行债券的公司不能按时支付债券利息或偿还本金，而给债券投资者带来的损失。

2. 防范债券风险该如何去做

（1）注意做顺势投资。对于小额投资者来说，谈不上操纵市场，只能跟随市场价格走势做买卖交易，即当价格上涨人们纷纷购买时买入；当价格下跌时人们纷纷抛出，这样可以获得大多数人所能够获得的平均市场收益。

（2）可转债机会多。可转债的价格由纯债券价值和转换期权价值组成，具有“进可攻，退可守”的特点。

（3）中短期券种避风险。合理买入中短期债券，规避后期资金利用的风险。

（4）浮息债券也获利。顾名思义，浮息债券就是票面利率是浮动的，目前交易所的浮息债券都是以银行一年定期存款的利率作为基准利率再加上一个利差作为票面利率，而一旦银行一年期存款利率提高，浮息债券的票面利率就会在下一个起息日起相应地提高，这在一定程度上减少了加息带来的风险。

（5）以不变应万变。最好的防范风险的措施之一是以静制动，以不变应万变。

理财链接

安全性成为债券投资者普遍关注的重要问题。

债券作为债权债务关系的凭证，任何一方都无法独立防范风险。

第七章

投资基金，让基金经理为你打工

NIDEDIYIBEN LICAISHU

基金是用小钱投资大公司的生财工具

经典提示

基金投资就是让专家替我们打理财富。

理财困惑

何宁是一位大学老师，现在她有一笔钱想投资债券、股票等这类证券进行增值，但自己平时工作太忙，一没精力二不懂股票等理财专业知识，目前她投资的钱也不算多。一位金融界朋友给她的建议是进行基金投资。基金不但可以节省时间，还可以保证不出现大亏损。可是她同样对基金也感到迷惑。比如什么时间网上申购有效？股票型基金和指数型基金哪个更好？在基金里，单位净值和累计净值应该怎么理解……

理财智慧

1. 什么是基金

证券投资基金是一种间接的证券投资方式。基金管理公司通过发行基金单位，集中投资者的资金，由基金托管人（即具有资格的银行）托管，由基金管理人管理和运用资金，从事股票、债券等金融工具投资，然后共担投资风险、分享收益。

基金是以“基金单位”作单位的，在基金初次发行时，将其基金总额划分为若干等额的整数份，每一份就是一个基金单位。例如某只基金发行时的总额共计60亿元，将其等分为60亿份，每一份即一个基金单位，代表投资者1元的投资额。

2. 基金的类型

基金的种类比较多，这里只介绍一些最常用的分类：

（1）开放式基金。指基金发行总额不固定，基金单位总数随时增减，投资者可以按基金的报价在规定的营业场所，根据法律法规及基金契约等约定的程序和内容，申购或者赎回基金单位的一种基金。现在很多人买的基本上都是开放式基金，比如交银稳健、工银精选、兴业趋势投资等都属于开放式基金。

（2）封闭式基金。封闭式基金是指事先确定发行总额，在封闭期内基金单位总数不变，基金上市后投资者可以通过证券市场转让、买卖基金单位的一种基金。

封闭式基金是在封闭期内不可赎回的基金。适合在股票市场不发达时发行，便于管理。比如，基金开元、基金金泰都属于封闭式基金。

（3）股票基金。投资标的为上市公司股票，其中60%以上的基金资产投资于股票，主要收益为股票上涨的资本利得。基金净值随投资的股票市价涨跌而变动。风险较债券基金、货币市场基金为高，相对可期望的报酬也较高。股票基金依投资标的产业，又可分为各种产业型基金，常见的分类包括高科技股、生物科技股、工业类股、地产类股、公用类股、通信类股等。华宝兴业先进成长、嘉实理财增长等都属于股票型基金。

（4）货币市场基金。投资标的为流动性极佳的货币市场商品，如365天内的存款、国债、回购等，赚取相当于大额金融交易才能享有的较高收益。比如余额宝、腾讯的理财通、鹏华货币A、招商现金增值、易方达货币基金A等。

（5）债券基金。投资标的为债券。其中80%以上的基金资产投资于债券的基金，利息收入为债券基金的主要收益来源。汇率的变化以及债券市场价格的波动，也影响整体的基金投资回报率。通常预期市场的利率将下跌时，债券市场价格便会上扬；利率上涨，债券的价格就下跌。所以，债券基金并不是稳赚不赔的，仍然有风险存在。比如南方避险增值、南方宝元债券、招商安泰券A等都属于债券型基金。

（6）私募基金。是指我们常常看不到的、私下悄悄进行的。由于国内私募基金控制很严，他们一般都以投资公司、投资咨询公司、投资管理公司、资产管理公司等身份存在，操作方法比公募基金简单一些。这种基金一般收益比较高，但风险也比较大。该基金不受基金法律保护，只受到民法、合同法等一般的经济和民事法律保护。

（7）公募基金。指那些已经通过证监会审核，可以在银行网点、证券公司网点以及各种基金营销机构进行销售，可以大做广告的，并且在各种交易行情中可以看到信息的那些基金。

3. 基金常用术语

（1）基金认购：指在基金募集期内，投资者申请购买基金份额的行为。

（2）基金赎回：指基金份额持有人按基金合同规定的条件，向基金管理人申请卖出基金份额的行为。

（3）基金申购：指在基金合同生效后，投资者申请购买基金份额的行为。

（4）基金资产总值：指一个基金所拥有的资产（包括现金、股票、债券、其他有价证券及其他资产）于每个营业日收市后，根据收盘价格计算出来的总资产价值。

（5）基金资产估值：指计算评估基金资产和负债的价值，以确定基金资产净值和基金份额净值的过程。

（6）基金资产净值：指基金财产总值减去负债后的价值。

（7）基金封闭期：指开放式基金成功募集足够资金宣告基金合同生效后，会有一个不接受投资者赎回基金份额申请的时间段。设定封闭期一方面是为了方便基金的后台（登记注册中心）为日常申购、赎回做好最充分的准备；另一方面基金管理人可将募集来的资金根据证券市场状况完成初步的投资安排。根据《证券投资基金运作管理办法》规定，基金封闭期不得超过三个月。

（8）基金拆分：基金拆分是在保持投资者资产总值不变的

投资基金前先问自己三个问题

投资基金是好是坏，更多的是取决于投资者对于以下这三个问题如何回答，这要比投资者在其他的投资类刊物上读到的任何信息都更加重要。

在你确实打算要进行投资之前，应该首先考虑购买一套房子，毕竟买房子是一项几乎所有人都能够做得相当不错的投资。虽然也存在例外的情况，但在99%的情况下购买一套房子是能够赚钱的。

如果手中有不急用的闲钱，可以委托基金管理公司的专家来理财，达到轻松投资、事半功倍的效果。

在投资市场的投资资金只能限于你能承受得起的损失数量，即使这笔损失真的发生了，在可以预见的将来也不会对你的日常生活产生任何影响。

前提下，改变基金份额净值和基金总份额的对应关系，重新计算基金资产的一种方式。假设某投资者持有 10000 份基金 A，当前的基金份额净值为 1.60 元，则其对应的基金资产为 1.60 × 10000 = 16000 元。对该基金按 1 ∶ 1.60 的比例进行拆分操作后，基金净值变为 1.00 元，而投资者持有的基金份额由原来的 10000 份变为 10000 × 1.6 = 16000 份，其对应的基金资产仍为 1.00 × 16000 = 16000 元，资产规模不发生变化。

（9）基金转换：指开放式基金份额持有人将其持有的部分或全部基金份额转换为同一基金管理人管理的另一只开放式基金的份额。

（10）开放日：指为投资者办理基金申购、赎回等业务的工作日。

（11）工作日：指上海证券交易所和深圳证券交易所的正常交易日。

（12）T 日：指销售机构在规定时间受理投资者申购、赎回、基金转换或其他基金交易的申请日。

（13）T+n 日：指 T 日后（不包括 T 日）第 n 个工作日。

（14）QFII：QFII（Qualified Foreign Institutional Investors），即合格的境外机构投资者制度，是指允许合格的境外机构投资者，在一定规定和限制下汇入一定额度的外汇资金，并转换为当地货币，通过严格监管的专门账户投资当地证券市场，其资本利得、股息等经批准后可转为外汇汇出的一种市场开放模式。

（15）QHI：QHI 制度是在资本项目尚未完全开放的国家和地区，实现有序、稳妥开放证券市场的特殊通道。包括韩国、印度和巴西等市场的经验表明，在货币未自由兑换时，QHI 不失为一种通过资本市场稳健引进外资的方式。这实际上就是对外资有限度地开放本国证券市场。发达国家由于货币可以自由兑换，不需引进 QFII。所以，这项制度只是少数发展中国家的成功经验。

（16）QDII：QDII（Qualified Domestic Institutional Investors），即合格境内机构投资者，是指在人民币资本项下不可兑换、资本市场未开放条件下，在一国境内设立，经该国有关部门批准，有控制地允许境内机构投资境外资本市场的股票、债券等有价证券投资业务的一项制度安排。

（17）QDII 产品目前主要可分为保险系 QDII、银行系 QDII 及基金系 QDII。

理财链接

虽然基金不能保证年年赚大钱，但起码不太可能出现大亏损。

事实上，投资基金很大程度上就是直接投资大公司。

基金公司如同一根杠杆，我们可以用很小的力气，撬起沉重的财富大门。

手把手教你像局内人一样买基金

经典提示

基础知识没有操作技巧那么实用，但是需要认识到建在沙堆上的大厦迟早会倒塌。

理财困惑

2007 年李女士刚生了儿子在家里休息产假，对基金也是一知半解，这期间她的表姐每次见面都会给她讲自己是怎么用一万元买的基金赚到一万五六的。听了表姐的话李女士有点按捺不住，可是她的钱是定存又要装修房子，所以一直没有动。2008 年 7 月份房子装好了，老公上交的第一个月工资 2000 元，在表姐的建议下她才去买了基金，没想到这 2000 元不到一个月就赚了一百多，她就后悔若一开始就买基金，没准装修费都有了。于是她慢慢地把家里的存款都买了基金，最高的时候买了十几万，跟着表姐走竟也慢慢赚了些钱，大概 4 万的样子。就是此时，她对基金也没有很多的了解。后来经过几次大跌，在只有两万时，她还想着把 4 万赚回来呢，再后来一跌再跌，她也把自己的钱一点一点地加进去补仓，结果可想而知，四年过去了，这几万块钱还赔了30%呢！后面的她竟不知怎么操作了……

基金也得适当调动，不能仅凭运气买卖，更不要总死守着那半死不活的基金，还得多了解些基金知识，从基金堆里找出适合自己的好基金，才有钱赚。

理财智慧

新手如何购买基金?

（1）准备一张开通网银的银行卡。

（2）开立一个基金账户。

在基金公司网站上找到“网上交易”，进入页面后找到“开立新户”。然后按照提示进行操作（注意填写真实资料）。到了确认支付手段时，会自动跳转到你填写的那家银行的网页上，一般会提示使用“客户证书”或“电子支付卡”支付，有网银的，选“客户证书”支付；没有的可以选电子支付卡，输入支付密码，确认支付成功，一般会自动跳转到基金公司网站，如果没跳转，你可以点“通知客户支付成功”，也会转回来。

（3）购买基金开始交易。

在基金公司网站上找到“网上交易”，登录方式选择：开户证件，填写你的身份证（或其他开户证件），密码为你开户时留的交易密码。登录进去后，就到了基金公司给你设定的个人交易界面了，这是你的天地。找到交易项，里边有申购、认购、赎回、

如何选择基金

选择一只有潜力并适合自己的基金，是一件很困难的事，也是需要花费很大功夫的。选择基金可从以下三个方面来考察：

考虑所选的基金经理人是否合适

特别是对于不懂基金的投资人来说，一个好的基金经理人是投资基金成功的一个重要助力。

2. 考虑自己所能承受的风险

基金的种类不同，其风险系数也不同，要充分考虑自己承受风险的能力来决定购买基金的种类。

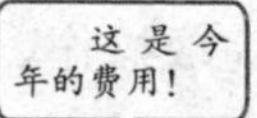

3. 考量总体费用是否划算

一般情况下基金年度运作费用包括管理费、托管费、证券交易费、其他费用等。

转换等等。下面以申购为例，点申购，找到你想买的基金，然后直接填写申购金额，费用支付方式一般选“先付”。填写完毕，提交付款，付款这时会自动跳转到你绑定的那张银行卡上，和确认支付手段一样，选择合适的支付方式进行支付就可以了。支付完毕，注意保留交易流水号，一旦出现意外时，这是你和基金公司交涉的证据。只有付款成功的交易才是有效的交易，只提申请而没付款或者付款时出现意外的，都视做交易失败。

（4）查询份额。

申购成功后，一般能够在第二个交易日查询到你申购的基金份额。基金公司和交易所工作日是同步的。周六－周日休息，周一－周五早 9：30 －下午 3：00 是工作日。在正常交易日里，15：00 前算当天的，15：00 后算第二天的。从周五 15：00 后直到周日 15：00 点前，都算一个交易日。查询时，首先需要登录你的基金公司账号，然后就可以在里边看到你申购到的基金份额、每日单位净值、每日账面资产等信息。

（5）赎回，转换。

登录你的基金账号里才可完成操作。在“交易”栏里，需要注意的是，新申购的基金，只有在 T+3 日以后（包括第 3 日）才可以赎回或转换（认购的基金除外）。一般股票基金是 T+2 ～ 7 日到账，就是你的钱会在你提出赎回的第 2 ～ 7 个交易日里到达你事先绑定的银行卡里，而同一公司的货币基金一般是 T+1 ～ 2 日到账。先把股基转货币，需要等两天可以操作（比如你今天转，下下个交易日就可以从货币基金赎回），从股基到货币再到赎回到账一般是 3 ～ 4 天，节省时间不说，在货币基金的两天里，还可以享受货币基金的收益。一般货币基金买卖是不收费的，股票基金转货币基金，按赎回费率计算，货币转股基，按申购费率计算。有些公司还有其他优惠。

（6）基金分红。

基金分红并不是衡量基金业绩的最大标准，分红只不过是基金净值增长的兑现，而基金净值的增长才是衡量基金业绩的最高标准。

（7）基金红利再投资。

现金分红和红利再投资是基金分红的两种方式。红利再投资是指基金进行现金分红时，基金持有人将分红所得的现金直接用于购买该基金，将分红转为持有基金单位。红利再投资通常是不收申购费用的。

总之，作为新手购买基金之前一定要注意加强学习，毕竟花点时间先搞明白了再做投资也不迟。另外，随着科技的发展，现在支付宝和其他一些 App 也可以购买基金（注意识别真伪以免上当被骗），上面有详细的介绍，在此不再叙述。

理财链接

选购基金，不要“喜新厌旧”。

尽量多结合自身的条件，才能挑选出最适合自己的好基金。

四项“基金”让家庭理财锦上添花

经典提示

在家庭理财中，基金越来越受到投资者的青睐。

理财困惑

成先生，今年34岁，是一家企业的管理人员，太太是一家广告公司的文案人员，家庭年收入20万元左右。他们结婚五年，今年6月宝宝将出生。现在有家庭积蓄25万元，有一套100多平方米的房子，以每平方米5000元的价格于三年前购得，二十年按揭，每月需还款3000多元；另外还有一套90平方米的房子。有个外国人想买成先生的大房子，大房子现在价格大概比成先生购买时上涨了50%多。如果卖房还贷之后可净剩40万元，这种情况，成先生应如何合理配置自己的家庭资产？

理财智慧

1. 理财师的理财建议

成先生的两处房产占了家庭总资产的绝大多数。现在的房地产的形势不太稳定，所以，成先生有必要根据这一现实情况，重新调整自己的理财思路。理财师给出了如下建议：

其一，售出大房子。成先生目前是两口之家，即使生了宝宝，90 平方米的房子也完全够住了。三年前购买的房子已经上涨了 50% 多，见好就收、落袋为安或许是比较好的选择，这样既可无债一身轻，又可利用资金进行其他投资。

其二，合理规划四项“基金”。成先生卖掉大房子、还清贷款后的家庭总积蓄为 65 万元。根据成先生的现实情况，理财师为成先生推荐了“四项基金”：养老基金、子女教育基金、保险基金、日常开支基金。这四项基金让成先生的家庭生活锦上添花。

2.“四项”基金魅力四射

（1）养老基金。

养老基金是一种用于支付退休收入的基金，是社会保障基金的一部分。在理财师的帮助下，成先生用 30 万元设立养老基金。既然是养老基金，就要既安全稳妥，又能增值。成先生用 20 万元购买记账式国债，用 10 万元购买集合理财产品。目前中长期记账式国债的年收益在 4% 左右，很多集合理财产品的年预期收益高达 5% 以上，目前发行的集合理财产品具有较好的稳妥性和收益。

（2）子女教育基金。

子女教育基金是指父母为了子女教育而积累的一笔资金。这笔钱可以是每个月积攒起来的，或者是其他一些原因慢慢积累起来作为子女从幼儿园开始一直到大学或者出国留学的花费。可以选择投资的品种有：证券投资基金（其中的配置型基金、债券型基金和货币型基金风险相对较低。而一般按月积攒的家庭进行基金的定期定额投资会更加稳妥），或者银行的一些理财产品，等等。成先生拿出 20 万元用于设立“子女教育基金”。这样一来，孩子上幼儿园、小学、中学、大学时都会得到相应的教育基金。

（3）保险基金。

成先生用 10 万元建立“保险基金”。他为自己和太太购买了部分意外伤害和大病保险，花钱不是很多，保险效果却很好。为孩子购买了两全型保险，这样一来，孩子在上幼儿园、小学、中学、大学时都会得到相应的教育基金，孩子如果患上重大疾病，也会得到很好的保障。

（4）日常开支基金。

当前，打理这种流动性资金最好的工具是货币市场基金，货币市场基金的特点是可以及时变现，又能享受比定期存款高的收益，即使目前收益率有所下降，也比活期储蓄税后收益高得多，成先生用 5 万元设立了这种“日常开支基金”。

理财链接

基金“家族”成员众多，投资者必须选择最适合自己的那一个。

基金的内在价值决定了基金是否优质

经典提示

投资人常被表象所迷惑，而忽略了真正应当关注的投资品种的内在价值。

理财困惑

在基金投资中，很多人不会选择基金，他们选择基金的标准真是五花八门：办公室小张觉得净值低的基金比较好，升值空间大；大张却认为规模大的基金比较好，实力雄厚；老张甚至认为，手续费便宜的基金才是好基金……

基金的价值谁说了算呢？事实上，一只基金是否优质，不是看净值高低，也不是因为规模大小，而是由其内在价值决定的。

理财智慧

1. 基金的真正价值

两只基金：一只是新基金，面值1.10元，而另一只是老基金，净值1.40元，投资者往往更愿意买1.10元的新基金。原因很简单，

投资基金应避免 3 个误区

误区一：低价基金都是绩差基金

当前基金跌破面值分为多种情况，并不是所有低价基金都是绩差基金，一些跌破面值的基金依然具有投资价值。

误区二：低价基金等于低成本

基金份额并不像股票一样具有特定的内在价值，不存在上涨空间和下跌空间的问题，从而不具备“高卖低买”的基础。

误区三：低价基金投资收益一定差

暂时的低价并不代表基金一直保持低价，基金的投资价值及创造的投资收益，需要以未来基金净值的增长率来衡量。

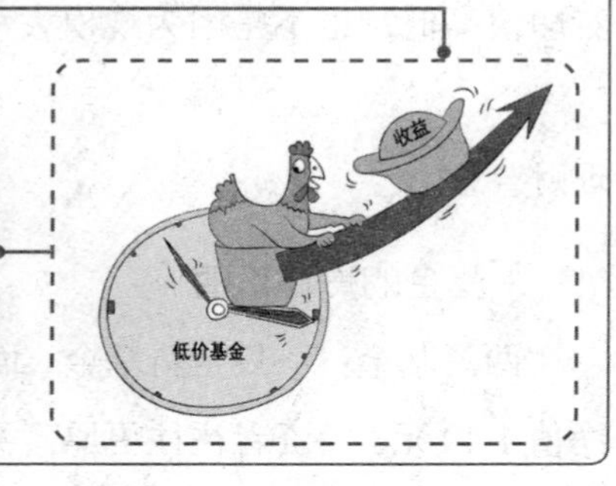

因为它看上去更便宜。

事实上，净值高的老基金也许正是基金管理人投资管理能力优秀的体现。因为老基金的投资业绩已经经历了市场的考验，投资人可以通过考察其过往的收益和风险对基金经理的投资管理能力做出比较客观的判断。

其实，基金当前的净值高低并不能决定我们未来的投资收益率。基金投资的标准，不在于基金的贵和便宜。对于投资人来说，更不能单纯以净值高低为依据来选新基金还是老基金，关键还是要看基金管理人的管理能力、团队的专业素质、过往业绩和未来的增值潜力。

在基金投资中，基金的规模、净值和手续费，都是表面现象。然而，很多投资者却常常陷入这些表象而忽略了对基金内在价值的考量，这显然是不对的。在选择基金商品时不能只看表面情况，而是要去寻找基金真正的价值。

总之，基金的好坏是由基金的内在价值决定的，这个内在价值包括基金公司的管理能力和管理素质。

2.跳出五大误区选基金

（1）不仅要考察基金商品现在的业绩，更要考察过去的业绩。单纯了解一个商品现在的业绩是不够的，只有充分了解基金商品的过去，才是最关键的。无论是好的还是差的，倘若你能找到较长一段时间的资料证明，那就再好不过了。

（2）基金代理商推荐的商品不可一味地全部信奉，只需了解两点信息就可以了。首先，了解可购买的所有基金品种的情况，其次，要求对方提供与其推荐的基金商品相似的其他产品的信息，有了这两方面的信息才能确定哪只基金更好。

（3）从长期投资来考虑，选择单纯的股票型基金比选择债券和股票混合型基金更有利。因为经过数十年的发展，股票的收益率要比债券的收益率高得多，而且这种趋势将会保持很长时间。从长远来看，买进股票型基金非常有利。

（4）基金永远是适合自己为最好，不要这山望着那山高。基金没有最好，不要为了追逐最好的基金而不断地“倒手”，期待基金收益率永远停在最高点，这是不明智的想法。最明智的做法是，在长期上涨的基金中选择业绩好的商品并持续持有。

（5）收益率不是关注的唯一。任何投资品都有风险，即便储蓄也是这样。因此，收益率并不是恒定的。我们更需要关注基金申购条款等事项，选择接近平均收益率、有收益保障的基金，才是上策。

理财链接

对于不具有专业理财知识，且无暇理财的人，基金提供了一种很好的选择。

真正的投资者不随意投放资金，他只会投放于有足够可能性获取利润的工具上。

基金定投，“懒人”的最佳赚钱术

经典提示

定期定额投资的优点是借着分批进场降低市场波动风险，获得长期稳定的收益。

理财困惑

购买基金的投资者常常左右为难：买，怕买高了被套住；不买，又怕很快涨上去。此时该怎样购买基金呢？

这里李女士为您推荐一个简便的方法：基金定投。

31岁的李女士在一家私企上班，手头有些钱需要打理。在理财师的推荐下，她经过比较之后，选择了一只基金，每月定投500元。虽然当时李女士还不是十分熟悉“基金定投”，但李女士却说，她对银行存款“零存整取”比较熟悉。基金定投其实就是另一种方式的零存整取，只不过把银行存钱变成了买基金。

正如李女士所说，基金定投，实际上就是从银行存款账户中拨出固定金额去购买基金。据业内人士表示，基金定投不仅可以让长期投资变得简单化，减少在理财规划上面花费的时间和精力，

基金定投优点

1. 在赚钱的同时使风险均摊

基金定投最大的好处在于平均投资成本，使投资风险均摊。

2. 养成良好的储蓄习惯

这种理财方式既不会影响生活质量，还能够在财富累积的同时，逐步改掉月月光的消费习惯，是个一举两得的好方法。

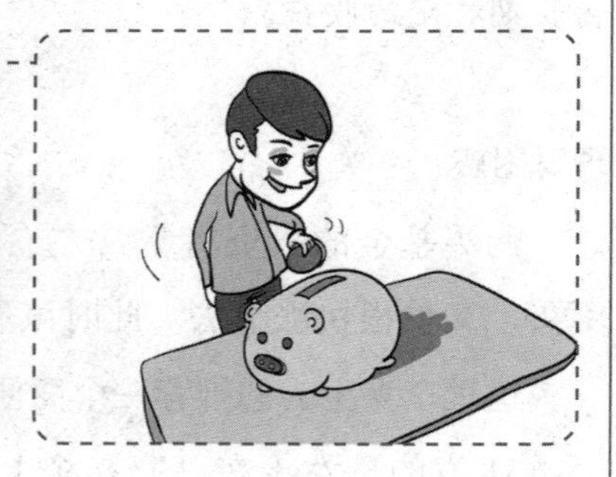

3. 操作简单，省时省力省脑

只要选择一家代销你认可基金的银行，提出申请，开通“基金定投”后，银行即可每月定时定额为你申购基金。支付宝也可以实现定投。

也会减少长期投资的波动，真正发挥积少成多的效果。

理财智慧

1. 投资基金莫忘两种方式

投资基金共有两种方式：其一，“单笔投资”，也就是一次性买入；其二，“定期定额”，也就是定投。所谓单笔投资是一次拿出一笔资金，选择适当时点买进基金，并力争在市场高点时获利。这种基金投资方式需要花费较多精力和时间去关注和研究。而所谓“定投基金”是指每隔一段时间，一般是一个月，投资固定资金到某一基金上，不必在乎进场时点，也不必在意市场价格的起伏，只需要在某时间点投入固定资金就行了。很显然，这种投资方式省时省力省脑，是“懒人”的最佳投资方式。

2. 基金定投的技巧

（1）选择适合自己的投资金额。基金定投的每月最低扣款金额为 100 元，并以 100 元的整数倍递增。投资者必须根据自己的财务状况慎重选择额度，只有适合自己的投资金额，才能在实现投资的连续性的同时也不影响正常生活。

（2）密切关注投资期限、受理时间、基金赎回率等基金信息情况，准确把握买入卖出时机。中国现阶段的基金定投期限没有限制，投资者可以随时终止，随时赎回，但赎回费率会因时间不同而不同。通常情况是时间越长，费率越低，有的公司对超过一定年限的赎回实行零费率。

（3）中长期的投资理念要具备。对于投资基金者来说，中长期投资的理念都是需要的。因为基金定投的产品特性决定了适宜投资于波动性较大的市场，同时长期投资可以带来两方面好处，其一长期投资带来的复利效果，可以在一定程度上分散股市多空、基金净值起伏的短期风险。其二长期持有也可以减少投资的各种手续费。很多基金的定投品种，都采用后端收费的方式，持有超过一定期限，赎回费可以减免。

（4）正视基金风险，理性参与。基金业务的风险不容回避。在投资过程中，收益与风险永远并存。基金定投从来不做保本承诺，因此不能把银行宣传品和媒体列举的"收益案例"中的"预期收益率"等同于"固定收益率"，从而简单地理解"定投业务"为：零存整取的方式＋高于银行储蓄的利率。理性投资不可丢。

总之，长期积累分散风险的基金定投，作为投资者进入基金市场的优势产品，值得投资。

理财链接

投资者可以考虑不同性质的基金，比如将股票型基金和债券型基金组成定投组合。基金定投，最大的好处是使风险得到有效的均摊。选择业绩稳健的基金进行定投不失为稳健投资者的理财良策。

巴菲特为何说投资指数基金是理想选择

经典提示

专业的投资者根本不会建议你去买指数基金，因为这样做，他们就赚不到钱了。

理财困惑

从不公开推荐任何股票是巴菲特的戒律，但是，从1993年起，巴菲特在历年股东大会及致股东的信中，推荐普通投资者购买指数基金已经不下十次了。2008年5月3日，在伯克希尔公司的股东大会上，有人提问："巴菲特先生，如果你只有30多岁，没有其他的经济依靠，只能靠一份全日制的工作来谋生，而且根本无法每天进行投资，不过，你有一笔多年的积蓄，足够你一年半的生活开支，这时你会如何投资？麻烦你告诉我们具体的投资种类和配置比例。"巴菲特听了，哈哈一笑，回答道："我会把所有的积蓄都投资到一个低成本的标普500指数的指数基金，然后继续努力工作……"

所谓指数基金是指一种按照证券价格指数编制原理构建投资

组合进行证券投资的一种基金。从理论上来讲，指数基金的运作方法简单，只要根据每一种证券在指数中所占的比例购买相应比例的证券，长期持有就可。

“股神”巴菲特没有建议人们投资买股票，而是建议买指数基金，为什么呢？指数基金到底有什么投资优点呢？

理财智慧

1. 巴菲特为何说投资指数基金是理想选择

巴菲特之所以说普通投资者投资指数基金是理想选择，原因很简单：一是术业有专攻，业余的做不过专业的；二是散户无法进行大规模的集中投资。从巴菲特的建议中可以看出，他不建议业余人士进入股市，因为就专业性而言，业余的炒家要对抗大户是很难的。业余投资者毕竟不够专业，直接投资股票的风险太大了，因此，巴菲特才建议人们进行间接投资，比如基金。

巴菲特建议的另外一个意思就是选择指数基金，进行更具保障性的分散性投资。如果你对任何行业和企业都一无所知，但对国家整体经济的前景很有信心，愿意长期投资，去获得稳定而有保障的收益，在这种情况下，你应该进行广泛的分散投资，持有大量不同行业的公司股份。可是若没有那么庞大的资金怎么办呢，这时，定期投资指数基金是最好的选择。指数基金的秘诀就是分散投资，它可以让一个什么都不懂的业余投资者，战胜大部分投资专家。

2. 指数基金的优势

（1）跟踪基准指数，具有巨大的成本优势，可以实现“赚了指数就赚钱”；

（2）基金收益的可预测性强，基金业绩表现相对稳定，适合个人投资者进行长期投资；

（3）是国内外机构投资者投资中国市场的有效工具，特别是合格的境外投资者（QFII）政策的推出，指数基金将成为合格的境外投资者（QFII）进入中国证券市场的首选投资工具；

（4）能有效降低非系统风险和基金管理人的道德风险。

理财链接

普通投资者可以通过资产配置来平衡风险、精明地选择基金和有效地利用指数基金。

对于投资知之甚少的业余投资者，投资成功的秘诀就是分散投资。

对大部分的机构和个人投资者而言，投资于费用低廉的指数基金是拥有普通股的最佳方式。

三条建议助你成功投资指数基金

第一，定期投资指数基金

定期投资不光使你关注的基金资讯增多，还可以使复利效果更明显。

第二，长期投资指数基金

买基金不是买股票，频繁的操作不仅让你失去赚钱的时机，更重要的是，它会迅速提高你的交易成本，让投资变得不划算。

第三，选择成本更低的指数基金

因为指数基金被动追踪股票指数，目标是实现相当于市场平均水平的收益率。很显然，指数基金的管理费越低，成本优势越大，净收益率越高。

基金经理不说的秘密对投资尤为重要

经典提示

基金经理不会告诉你关于基金的一切，他们只推荐某只基金给你。

理财困惑

李先生为了分散投资风险，在基金经理的说服下，一口气买了七八只基金。每只基金的资金量都不大，几千元至一两万元不等。2010年以来，股市下跌，他“检阅”自己的基金时发现，所有基金跌幅都在30%以上，无一幸免。这让李先生大为不解：“不是说把鸡蛋放在不同的篮子里，可以分散风险吗？”这回怎么失灵了呢？

鸡蛋放在不同的篮子里，可以分散风险。然而，把资金放在不同的基金里，不一定能分散风险。这要取决于基金的类型是什么。如果像李先生那样，只是把资金投资于风格相似的基金，分散风险的能力自然有限。分散风险强调的是把不同风险偏好的资产组合在一起。比如投资基金，把股票方向、债券方向以及货币方向基金做组合，才能有效分散风险。

理财智慧

1. 买多只基金不一定能有效分散风险

分散风险强调的是把不同风险偏好的资产组合在一起，可以分散风险。比如投资基金，把股票方向、债券方向以及货币方向基金做组合，就能有效分散风险。

但任何事情都有个度。有人曾实验过单只基金组合的价值波动率最大，长期来看，增加一只基金可以明显改善波动程度，虽然回报降低，但投资者可以不必承担较大的下跌风险；如果组合增加到七只基金以后，波动程度没有随着个数的增加出现明显下降，也就是说，组合个数太多，反而不能达到分散风险的目的。

2. 代销之外还有个更便宜的直销

基金通过银行代销，银行会收取相应费用。如果基金公司自行销售，就减少了一个流通环节，因此，直销比代销要便宜得多。与银行代销相比，直销的申购费普遍执行四折及以上手续费费率，但各公司的规定会略有不同。客户经理当然不会告诉你这些，因为如果人人都到直销中心买基金，客户经理就赚不到钱了。

这并不是鼓励每个人都通过直销购买基金。事实上，基金公司的直销中心主要是针对投资金额相对较大的客户，因此，一般直销中心对客户的金额有限制。

理财链接

依靠基金经理的只言片语来决定购买某只基金，是过分鲁莽的行为。

第八章

一眼识破保单『套路』，保险才能有利可图

NIDEDIYIBEN LICAISHU

让买保险变得明明白白

经典提示

客户都必须对银保产品选购中的一些相关事宜保持“清醒的头脑”，以免跌入“陷阱”。

理财困惑

卖保险瞎忽悠？一段时间以来，类似的纠纷频频曝光。夸大分红率、存款变保单甚至是假保单等，各种忽悠手段屡禁不止。2011年6月7日，一宗“存款变保单”的纠纷，让银保产品再度陷入舆论的风口浪尖。一位男士在银行人员的营销之下，误将辛苦攒下的1000元存款变成保单。后又紧急用钱，取回时却被扣掉400元。在网上，该事件迅速引发众多网友爆料谴责。

实际上，自2010年末以来，存款变保单的各种投诉接连发生。有的客户在被忽悠投保后，即刻后悔并投诉。也有不少客户在“存款”多年之后，才因保单到期猛然发现一直被蒙在鼓里。营销乱象频发之下，2010年末，保监会一下子对各大保险公司开出61张罚单。针对这一情况，2011年监管部门已经几度出台政策，重拳整治保险营销。并且，相关法规再度明确规定，保险人员忽悠客户买保险，保险公司将负连带责任，最高可罚款 3 万。

而从客户方面来看，银行的客户，尤其是中资银行的客户，往往以年纪较大、理财知识较少、资金较充裕的人群为主。这些消费者有足够的投资资金，本身对于保险也有一定需求，却对保险认识不足，甚至连一些基本的特征都不清楚，这样就很容易被一些银行销售人员“忽悠”。

购买银行保险需要考虑什么，应该是众多银保用户需要迫切知道的事情。

理财智慧

1. 产品是谁发行的——到底是保险产品，还是银行理财产品

对于客户而言，购买产品的第一步就是要搞清楚，这个产品是谁发行的。除了银行自有产品，代理最多的就是基金和保险，基金从名称上很容易分辨，消费者容易明白，但保险产品往往冠之以某某理财产品的名字，消费者自然而然地觉得，不是基金应该就是银行产品，甚至将保险产品看作新型的储蓄方式或是基金产品的也大有人在。

这样的情况非常普遍，客户对于银保产品不理解，以及销售人员有意无意隐瞒银保产品的保险本质，是造成这种情况的主客观因素。

其实，整个销售过程中，并不能说明销售人员违规操作，但

是如果客户自己本身不了解情况，那么很容易在第一时间被产品的性质所迷惑。

因此，银行客户在选择理财产品的时候，一定要问清楚，以免造成产品责任不清的问题。

2. 被保险人也要签字

通常一些长者会在银行选购保险作为送给子女甚至是孙辈的礼物，根本不会想到带着被保险人去签名。银行销售的保险产品往往也会忽略这一点。

其他理财类的产品只需要客户自己签字就可以完成手续，但是保险产品因为涉及多个个体概念，因此根据规定，如果投保人和被保险人不是同一个人的话，所有保险合同上必须有两个人的签名。

被保险人自己必须知道保单的存在，以防万一。虽然这种情况并不多见，但道德风险还是要尽量规避。另外，如果投保人不了解被保险人的情况，那么很有可能发生保险事故却无法得到理赔。

3. 预期高收益并不能完全实现

对于理财观念刚刚觉醒的大众来说，“收益”就是硬道理，“收益”也是激发其进行投资理财的引路者，大多数客户在咨询理财产品时首先询问的也是收益率。

虽然保监会早有规定，不允许保险公司以“收益比较”来推销产品，但是邮政、银行的银保产品广告上常将收益水平的内容尽量放大以吸引客户的眼球。

虽然用高收益吸引顾客并不一定是恶意误导，但不要轻信销售人员口中的预计收益、过往收益之类的数据。因为过往的收益数据只能代表当时的情况，保险公司并不会保证这个收益。多数情况下，分红类产品的收益与保险公司经营情况直接挂钩，如果保险行业环境发生波动，产品分红必会受到影响。

理财链接

了解产品特性、利益分配、满期时间、退保方法等问题，使保险购买从开始就能明明白白。

被保险人签名主要是为了抵御道德风险和投保人未如实告知的风险。

买保险与银行储蓄究竟哪个更划算

经典提示

银行储蓄是家庭理财的后卫，可用于应急支出；债券可以称得上是中场，可进可守；股票和房产就是前锋，会带来财富的迅速增加；而保险则是强有力的守门员。

理财困惑

王楠，男，25岁，家境还可以，银行有闲钱12万多元，现在他想购买储蓄保险，由于不了解理财的详细情况，他就在理财论坛上征求大家意见。针对他的问题“储蓄保险是比放银行好吗？哪种更能够得到好处”，热心的网友们展开了讨论：

网友A说：储蓄保险还可以整合保障健康及意外的保障。建议先帮自己做好重大疾病的保障和意外方面的保障。

网友B说：购买保险一定要搞清楚为什么买，如果从盈利角度来看的话，保险是不适合的；如果从保障或者从资产配置安全的角度来看，是有其积极意义的。

网友C说：我不建议您把10万都拿来买保险，这样对以后

投资期限是把双刃剑

投资保险都会有一个投资期限，对于投资期限，要注意以下两点：

在高收益和低流动性之间抉择

时间越长，收益就越好，这是肯定的，但同时也影响资金的流动性，尤其是保险产品，退保成本比较高。因此，客户必须在高收益和低流动性之间做出选择。

“缴费期限”不等于“满期时间”

“满期时间”一般比“缴费期限”要长很多，因此，客户在选购银保产品时必须问清楚满期时间，也就是开始领钱的时间。

您的资金支取上十分不便，再者对您想得到真正意义上的保障是不科学、不合理的，分期分类地把其中的一部分每年投入其中即可。

网友D说：这么年轻就有保险意识很棒，我支持你投资保险。针对你的情况你可以做个‘万能’，然后做个追加，这样缴费也比较灵活，保障也很高，既可以有个高额保障又可以进行理财，急用钱还可以灵活支取，愿你早日进行理财计划。

面对网友的贴子，王楠还是有点迷茫，到底哪一个好呢？

理财智慧

1. 重新认识这个熟悉的“陌生人”——保险

有些人靠储蓄增加安全感，但不知何时才是尽头。钱包鼓起之后，除了储蓄之外，我们还要留出部分资金购买保险。通过保险，我们可以把未来生活中许多不可预知的风险转嫁给保险公司，给家庭带来更持久的安全感。在发达国家，个人工资的三分之一是用来买保险的，把生病、养老等统统交给保险公司去打理，剩余的工资想储蓄、投资还是消费都可以，完全没有后顾之忧，让自己自由享受生活的乐趣。

近年，保险已被越来越多的人所认识和接受。然而，由于许多人缺乏相关的保险与银行储蓄方面的知识，而误将人寿保险作为“第二储蓄”进行投资，这其实是十分不理智、不可取的，甚至会适得其反。保险在风险管理和家庭理财规划方面发挥着重要的作用。

一般而言，债券和股票可以不买，但保险一定要有。保险在家庭理财中的地位就是为无法预料的事做准备。所以，作为一种健康的家庭理财观念，必须合理地安排自己的财富投资，不可以把鸡蛋同时放在一个篮子里。

保险虽然是投资最少的资金，但它的意义在于没有人可以保证我们所担心的事一定不会发生，所以它是不打折扣的资金，是投资的一切保证。

2. 四项比较，认清保险与银行储蓄

（1）预防风险。

保险和银行储蓄都可以为将来的风险做准备，但它们之间有很大的区别：用银行储蓄来应付未来的风险，是一种自助的行为，没有把风险转移出去；而用保险则能把风险转移给保险公司，实际上是一种互助合作的行为。

（2）约期收益。

在银行储蓄中，金额包括本金和利息，它是确定的；而在保险中，你能得到的钱大多却是不确定的，它取决于保险事故是否发生，而且金额可能远远高于你所缴纳的保险费；少数的一些险种除外，如定期养老险等，你能得到的钱也是确定的。

（3）存取方式。

在银行储蓄是存取自由的；而保险则带有强制储蓄的意味，其能够帮助你较迅速地积攒一笔资金，但是只有在保险期满或保险事故发生时才能拿到。

（4）所有权上。

你在银行存的钱还是你的，只是暂时让银行使用；而你买保险花的钱就不再是你的了，这归保险公司所有，保险公司按保险合同的规定履行其义务。

总之，买保险与银行储蓄，究竟哪个更划算，只能根据自家的经济状况、身体条件、风险防范等方面的实际情况，由你自己考虑和进行抉择。

理财链接

最重要的是必须要搞清，保险的主要作用是保障，银行储蓄的主要作用是资金的安全及一定的收益。

人生三阶段如何买保险

经典提示

丘吉尔对于保险似乎十分看重，他曾说：“如果我办得到，我一定把保险写在家家户户的门上。”

理财困惑

人生路上，风险出没，要想平安，保险相伴。

要买保险，首看需求，保障第一，赚钱其次。

一家之中，谁挣钱多，就应多保，以防财断。

保险别多，够用就行，保费多少，收入一成。

以上这首投资保险诗道出保险投资的真谛。对于一个人来说，投保人寿保险实际上是对未知风险的一种保障，可以使人们在遭受意想不到的损害时，本人或家庭得到经济上的补偿，确保家庭经济的安定；当然也可以作为一种储蓄和投资工具，在保险有效期内，被保险人可以得到现金给付、红利或其他报酬。

保险可以说是人人都需要的东西，但是在人生的不同阶段，由于经济状况、家庭结构和年龄特征的不同，每个人的保障需求也会不同。那么，人生不同阶段应该如何买保险呢？

理财智慧

1. 独身期，主投意外和疾病险

在独身期，由于刚踏入社会，收入还不太稳定，最主要的是意外疾病险。由于年轻，缴费一般较低，而保障却较高，若发生意外，父母也能老有所养。目前市场上有一种类似于安全保障卡的保险很畅销，它每年只要交很少的费用（如100元），购买方便快捷，一年内如发生意外和医疗费用，则可以理赔。

2. 家庭期，不同成员不同对待

家庭期，小孩将出生、受教育、不断成长，而自己也不断变老；上有老，下有小，面临的各种情况也最多。这时就应该把家庭成员当作一个整体来统一考虑了，不同的成员有不同的保险需求，具体如下：

（1）购买意外疾病险，其中家里的经济支柱是重点投保对象，也就是说给赚钱最多的人买最好最多的保险。首先为其买意外疾病险，万一遭遇不幸，赔偿金将给家庭设置一个保险屏障；其次可以为其购买人寿保险，如果不幸去世，所投保的寿险也会全额给付养老金；再次，可为其他家人选择重大疾病和医疗保险，以保证万一患病时不致对家庭经济造成冲击。医疗险有普通医疗保险、大病保险和住院保险，可按照每人的实际情况选择其中的一项乃至多项。

（2）若是为了筹备子女的教育经费，则可以选择教育金等储蓄性的商品。子女还小时，可以购买一些有关儿童保险的复合险种。这些险种能够覆盖孩子的教育、医疗、创业、成家、养老等等，能有效保障孩子的方方面面。

（3）为了退休养老，年金类产品不失为一种较好的选择。它能保证在退休之后不致为生活费而发愁。保险公司的此险种产品目前有的是按年支付年金，有的是逐月支付，可根据自己的偏好做出选择。此外，还可以把一些分红保险作为家庭长期储蓄的一部分，在拥有保障的同时，享受到专家理财的特色服务。

在具体搭配时，可根据家庭成员经济收入的不同决定投保的主次轻重。如果夫妇收入相当，则可以各用家庭保险预计支出的40% 购买保险，孩子则用 20% 的资金。如果家庭中男主人收入较高，则对其的保费甚至可以达到家庭保险预计支出的一半。千万不能只给孩子买保险，而忽视了家里的顶梁柱，因为顶梁柱一倒，经济来源一断，孩子就只有受苦了。

3. 养老期，多考虑购买医疗险

到了养老期，一般子女已经成家，经济上相对宽松，不妨考虑购买医疗险。老年人身体已大不如前，有可能患上各种慢性疾病，医疗费用是一笔不小的支出，得早做打算。医疗险保障范围涵盖重大疾病、手术补贴、住院医疗等方面。

 选择合适险种，投保人应从哪些因素考虑

现在人们的保险意识越来越强，然而面对众多的保险险种让人眼花缭乱。那如何选择险种，选择哪种险种呢？下面介绍下选择险种的考虑因素：

适应性

投保要根据自己或家人需要保障的范围来考虑。

经济支付能力

买寿险是一项长期性的投资，每年的保费开支必须取决于自己的收入能力。

选择性

在经济能力有限的情况下，为成人投保比为独生子女投保更实际，因为作为家庭的“经济支柱”，其生活的风险总体上要比小孩高。

理财链接

保险人人都需要，投保人寿保险实际上是对未知风险的一种保障。

当前谁最需要买保险

经典提示

在有能力给孩子买保险的同时，一定不要忘了给自己买保险。

理财困惑

牛先生今年30岁，投保保额10万元的年年有余年金分红保险，养老金开始领取时间为60周岁，月缴保费1049元，缴费至60岁，则其保险利益如下：

年金给付：牛先生在交费期满后，保险公司将在每个保单周年日给付10007元的年金予牛先生，直至100岁。身故、全残给付：若牛先生于80岁不幸身故或全残，其家人可申领350077元的保险金，维持稳定的家庭生活。

除了像牛先生这样，当前还有哪些人群需要买保险？

理财智慧

1. 医保改革了，你准备怎么办

医保改革了，大学生有公费医疗，无须为医疗费用担心；婴幼儿和中小学生可以加入少儿住院医疗互助基金，以此来解决部分住院医疗费用；退休人员如果生病，自己只需支付较少的医疗费用，因为新的医保制度对他们是非常有利的。在职中青年是受医保改革冲击最大的群体。如果您正好是其中的一员，那么在繁忙的工作间隙，千万别忘了为自己选择一份医疗保障计划，以补充基本医疗保障的不足。购买合适的医疗保险可以帮助您分担医疗费用的自负额，以及医保项目范围之外的医疗费用。体恤家人，关心自己，从健康的身体和周全的保障开始。

2. 你家的保单结构合理吗

一般可以家庭成员的构成、年龄、职业和收入、健康状况为基础，结合现有保单，找出家庭保单的薄弱环节（超买、不足和适度），将家庭有限资金合理分流，以整合成较为合理的保障结构。

（1）以家庭为线。

青年、中年人应考虑以养老、大病保险为主，同时也不要遗漏高保障的意外伤害险。若是三口之家，孩子首选学生健康险，由住院医疗、意外伤害、医疗三个险种组成，每年缴费 60 元上下。孩子成长过程所遇到的疾病住院、外伤门诊费用都能获得赔偿。经济宽裕的家庭，还可加投教育储蓄、投资型寿险为未来孩子的生活“锦上添花”。

（2）以收入为线。

家庭购买寿险毕竟需要一定的经济能力，寿险除保障功能外，还有投资理财、储蓄的功能。一般工薪家庭可将全年收入的10%用来购买寿险，家庭经济支柱更须在买保险时“经济倾斜”。要引起注意的是，保障型寿险适合任何人群，投资、储蓄型寿险则须量力而行，家庭保单应避免畸形现象，如有巨额养老保险却无医疗、意外保险。合理组合家庭保单，防范家庭成员的风险，保障家庭资产安全、稳健地运作，是人们选择寿险的最大愿望。

（3）以职业为线。

城镇市民大多享受基本医疗保险，他们应选择医疗津贴、大病医疗保险，以弥补患病时的损失，这类险种具有缴费低、保障高的特点。如果是没有基本医疗保险的人群，风险保障显得更为重要，患病及意外事故不仅增加支出，还会导致收入急剧减少。因此，保障型寿险（住院医疗、大病医疗和意外伤害保险）为首选，养老保险次之，以防范意料不到的疾病、灾害打击。当然，收入颇丰的家庭，可用部分资金购买投资型寿险，以期得到高额回报。

理财链接

购买重大疾病保险来为您分担高额医疗费用。

认清保险的实质，买保险应首重保障。

哪些人最需要买保险

少数单身职工家庭

单身职工家庭的经济状况一般都不富裕，无法承受太大的风险，因而，他们也迫切需要购买保险。

身体欠佳者

身体欠佳、身体抵抗能力差等经常需要往医院跑的人，常年医疗费算下来也不是一笔小数目，且经常跑医院会影响到工作表现。因此身体不好的职工迫切需要购买保险。

中年人

主要是指40岁以上的工薪人员，他们往往是上有老、下有小，还要考虑自身退休后的生活保障，因此必须考虑给自己设定足够的“保险系数”，使自己有足够的能力承担起家庭责任。

被忽悠买了保险该怎么办

经典提示

保险永远不等同于储蓄，同时也不是基金、国债的替代品，市民在办理各种金融业务时，一定要先了解清楚，谨防被忽悠。

理财困惑

熊先生去年6月到某银行储蓄，经柜员推荐买了两份据说收益较高的理财产品，事后才知道是长期人寿险，年保费千余元。由于过了犹豫期，他只好选择持有。但今年以来，熊先生的经济状况发生很大变化，不想额外负担保费，遂想退保，却被告知只能按保单的现金价值拿回不到400元，这让熊先生觉得太不合算，直怨银行当初误导销售，但也不知如何才能让自己的损失降到最低。

像熊先生这样被忽悠错把存款换成投保的人已不在少数。他们中大多数在发现被银行误导投保后，要么赶在第一时间退保，要么选择息事宁人。但对于后一种情况，由于过了十天犹豫期，一旦经济状况出问题或急等钱用，退保就要遭受更大的损失，因为《保险法》第六十九条规定，投保人解除保险合同，已缴足两年以上保险费的，保险人应当自接到解除合同通知之日起30日内，退还保险单的现金价值；未缴足两年保险费的，保险人按照合同约定在扣除手续费后，退还保费。那么，遭遇误导销售的消费者该怎么办呢？

理财智慧

1. 遭遇误导投保该怎么办

首先，如果被误导投保的资金是闲钱，不妨还是“将错就错”，尤其第一年保费含有较多手续费，现金价值很低，退保会遭受较大损失。

其次，若确实急需用钱，可向保险公司咨询，看能否办理保单质押贷款，先解决眼前的问题。至于因经济问题想退保，却又纠结于损失太大，不妨选择两种折中的方案：一是将现金价值作为一次交清的保费，消费者可根据此数额改变原保单的保额，让保单继续有效；二是将现金价值作为一次交清的保费，消费者可据此改变原保单的期限，原保额和保险责任不变。原保单批改后，消费者不再交纳保费。

最后，在此还是要提请银行继续加强员工职业道德教育，杜绝误导客户行为。出现问题，应随同保险公司妥善处理，既维护企业形象，也要尽力将客户利益损害降到最低。

2. 监管整治保险忽悠政策

2011 年 3 月，保监会、银监会联合出台《商业银行代理保险业务监管指引》（下简称《指引》），主要规范措施包括："销售人员在销售过程中不得将保险产品与储蓄存款、银行理财产品等混淆，不得使用'银行和保险公司联合推出''银行推出''银行理财新业务'等不当用语，不得套用'本金''利息''存入'等概念，不得将保险产品的利益与银行存款收益、国债收益等进行片面类比，不得夸大或变相夸大保险合同的收益，不得承诺固定分红收益。"此外，《指引》明确规定，商业银行网点及其销售人员不得以中奖、抽奖、送实物、送保险、产品停售等方式误导或诱导销售。

根据《指引》第二十六条："通过商业银行网点直接向客户销售保险产品的人员，应当是持有保险代理从业人员资格证书的商业银行销售人员；商业银行不得允许保险公司人员派驻银行网点。"按规定，以后保险人员撤离银行。

2011 年 4 月末，监管部门再度出台文件，加强对保险营销乱象的治理。这份《保险销售从业人员监管规定》（下简称《监管规定》）明确细化了 13 种保险销售误导行为，具体包括：欺骗投保人、对投保人隐瞒与保险合同有关的重要事项、代替投保人或被保险人填写、签订投保协议或者保险合同、伪造保险合同、挪用或截留保费、在客户明确拒绝投保后还骚扰客户等。

按照规定，保险人员出现上述十三种误导行为之一，"监管机构可以对保险公司采取向社会公开披露、现场检查以及对高级管理人员监管谈话等监管措施”。该《监管规定》明确了保险公司的连带责任。同时依照法律、行政法规对保险公司进行处罚；法律、行政法规没有规定的，对保险公司给予警告，并处 3 万元以下罚款；对其直接负责的主管人员和其他直接责任人员给予警告，并处 1 万元以下罚款。

理财链接

银行储蓄柜台人员不能误导销售保险产品。

代理保险销售人员要与普通储蓄柜台人员严格分离。

揭开分红保险的分红奥秘

经典提示

分红保险考验的是保险公司的综合素质，假如把红利与投资收益率或投资市场的表现直接挂钩，片面强调投资乃至夸大投资收益率，则是断章取义，只会令投保人徒增烦恼。

理财困惑

分红保险有何奥秘？购买了分红保险，就一定能享受分红？回报率是消费者误读，还是销售人员的有意欺骗？分红型保险具有保本和增值的功能，但我们也注意到，部分销售人员为了让这类商品更具吸引力，总以动人的销售话术、夸大的报酬率来打动客户，消费者若无法识别真正的报酬率，很可能会产生误解，买了不符合自己需要的保单。

理财智慧

1. 红利来自哪里

虽然名称不同、保障内容各有侧重，但讲到红利，总是来源于三个方面：死差益、利差益和费差益。

死差益是指实际的风险发生率低于产品设计时预期的风险发生率，即实际死亡人数比预期死亡人数少时产生的盈余；利差益是指实际的投资收益高于产品设计时预期的投资收益所产生的盈余；费差益是指实际的营运管理费用低于产品设计时预期的营运管理费用所产生的盈余。

保险公司在厘定保险产品的费率时要考虑三个因素：预期死亡率、预期投资回报率和预期营运管理费用。费率一经厘定，不能随意改动，但寿险保单的保障期限往往长达几十年，在这样漫长的时间内，实际发生的情况可能同预期的情况有所差别。一旦实际情况好于预期情况，就会出现死差益、利差益和费差益，综合起来就是分红保险账户的盈余。保险公司根据每张分红保单对该账户盈余的贡献，按一定的比例分配给投保人，这就是红利。总之，红利来源于保险公司实际经营情况好于预期情况时所产生的盈余。

2. 分红的四大陷阱

陷阱之一：夸大保单投资报酬率。

“这张分红保单预定利率 2.5%，如果按照中等分红水平 3%　4% 计算，长期年均收益率就可以高达 6% 左右，这么好的商品到哪儿找！”

把预定利率加上分红利率视为分红保单的投资报酬率，这是不对的！

保险消费者必须明白，分红险的预定利率的确是固定的，但每年的分红率却是浮动的，而且是没有保障的！

根据相关法规规定，分红险的分红部分是不保证给付的，况且分红保单的盈余当中只有 70% 可分给保户，某一年的分红率可能很高，但也可能为 0，甚至为负数（当然，保险公司在实际操作当中往往会将各年度的分红做平滑处理，不大可能出现负数）。

因此，将分红保单的预定利率和分红率相加成为该保单的年投资报酬率，绝对是“障眼法”！

陷阱之二：分红险绝不赔钱。

“分红保单是保本商品，能保证你永远不赔钱！”

没错，分红保单因为有预定利率的最低保证，且它的宣告利率下限规定不得为负值，目前市场上的分红险预定利率通常设计为 1.5%　2.5%，所以这类商品在某种程度上可算是稳健的 100% 保本的商品。

但是，和很多理财产品一样，分红险的保本当然也有其先决条件，那就是持有该保单一定年限。如果提早解约，特别是在保单生效后三五年内就提前退保，那很可能就会亏本，特别是在投保后两三年内就解约，亏损额度也会很大。

陷阱之三：分红保单一定抗通胀。

“由于每年都会有一定的分红，加上内含一定水平的预定利率，因此分红险可以达到打败通货膨胀率的效果！”

分红险能抵御通货膨胀，这是大家经常能听到的一种说法。

如何选择分红保险

1. 选择一家可以长期信赖的保险公司，而只有财务稳健的保险公司，才能做到让客户终身信赖。

2. 量体裁衣、量力而行，根据自己的实力和需求选择一个适合自己的分红保险。投保人可选择保障期较长、保障功能较强的分红保险作为自己的主要选择，毕竟分红保险的主要利益还是保障。

3. 做好长期投资的准备。由于分红保险是一个长期的险种，它在考验保险公司经营管理能力的同时，也要求投保人具备理性的投资心态，千万不能盯着短期的红利。

但果真如此吗？事实上，并不是所有分红保单都有对抗通胀的效力，关键还在于分红率，看它能否超越CPI（居民消费价格指数）。

分红保单通过分红机制，可以加强抗通胀的效果，但是正如前面提到的一样，消费者必须清楚地了解分红是不确定的。

陷阱之四：拿分红保险和储蓄相比。

目前在银行柜台销售的保险产品绝大多数是分红保险，由于某些不规范的操作，投保人很容易把分红保险的红利和银行储蓄的利息做比较。实际上，红利也只是“利差”。它和“利息”是完全不同的两个概念，是不可以直接比较的。再有就是储蓄利息是事先锁定的，而红利则无法事先确定，要看保险公司实际经营的情况。

理财链接

分红保险属于保险的范畴，提供寿险保障是它最大的特色。

具有分红功能的保险产品在国际市场上已经成为主流。

分红险的预定利率虽然是固定的，但其每年的分红率却不是固定的，而是浮动的，且没有保证。

医疗保险的购买有技巧

经典提示

每个人应该根据自己的实际承受能力，选择参加各种不同类型的医疗保险。

理财困惑

医疗保险是为补偿疾病所带来的医疗费用的一种保险。职工因疾病、负伤、生育时，由社会或企业提供必要的医疗服务或物质帮助的社会保险，如中国的公费医疗、劳保医疗。中国职工的医疗费用由国家、单位和个人共同负担，以减轻企业负担，避免浪费。

医疗保险有哪些购买技巧？怎样能够妥当地购买医疗保险？

理财智慧

1. 知道医疗保险的特殊功能

（1）提高全民健康意识。

（2）促进社会生产力的发展。

（3）促进卫生事业的健康发展。

（4）保障劳动者身心健康，减轻其经济负担。

2. 医疗保险购买技巧

（1）选择适合自己的险种。购买医疗保险，首先要选择适合自己的险种。目前我国保险市场上主要有这样几种类型的医疗保险：综合医疗保险、住院医疗保险、手术医疗保险、女性医疗保险、各种津贴保险和重大疾病医疗保险等。综合医疗保险涵盖了按日定额支付住院津贴和一些特殊疾病或手术等类的补偿。如果您不享受社会医疗保险保障，如自由职业者等，应考虑投保一些包括门诊、住院等在内的综合医疗保险，另外再辅之以重大疾病、意外伤害医疗和津贴等保险。

（2）注意险种对年龄的限制。在选择险种时，注意阅读保险公司对投保年龄的限制。一般说，最低投保年龄是出生后 90 天至年满 16 周岁不等；最高投保年龄大致在 60　65 岁。投保年纪愈轻，保费愈便宜，因此买医疗保险应趁年轻，越早买，越合算。

（3）搞清险种和责任范围。对险种和责任范围务必弄清楚。明白了这些，接下来就是请保险经纪人或保险代理人为自己或家人做一份能全面满足您保障需求的保险计划，把各有侧重的险种进行有机组合。

（4）免赔额是怎样规定的。了解保险单上，对免赔额是怎样规定的。免赔额即在一定金额下的费用支出由被保险人自理。

如果医疗费用低于免赔额，则不能获得赔偿，要了解保险合同中的犹豫期。在这段时间内，你有权利向保险公司提出撤销保险合同，如果你退保，保险公司应该无条件退还你所缴纳的全部保费。

（5）合同订立注意事项。在订立保险合同时，要认真履行如实告知义务。把自己目前的身体健康状况及既往病史如实向保险公司陈述，以便让保险公司判断是否承保或以什么样的条件承保，否则保险事故发生后，保险公司可以不承担赔付责任。另外，在订立保险合同后，如出现不能按时缴纳保费等意外情况，最好不要轻易采取退保的解决方式，一旦退保将会给自己带来重大的损失。不妨听听保险代理人或经纪人的意见，采取灵活的方式处理。

（6）最高保险金额限制知多少。目前，大多数医疗保险都设有最高保险金额限制。就拿青少年及幼儿的情况来说，孩子如果真的得了大病，以单一险种的赔付用来支付孩子的医疗费用，必然显得捉襟见肘。解决这种尴尬局面的最好办法就是依照自身的实际经济能力，更多地为孩子提供更全面的保障。

理财链接

保得越多，虽然交费越多，但保险的系数也就越大，生活也就越安心可靠。

第九章

道破金市投资策略，助你轻轻松松淘金

NIDEDIYIBEN
LICAISHU

新手如何炒黄金

经典提示

初炒黄金要做好各方面准备。

理财困惑

赵女士曾有一段时间看到，黄金价格节节走高，对此她心动不已，随着各家银行相继推出各类黄金业务，赵女士对“炒金”跃跃欲试，这种强烈的念头与日俱增。当准备好投资资金后，她又开始迟疑起来，许多疑问在脑海里翻腾：市场上究竟有多少黄金产品？要买哪一种才好？如何卖……

理财智慧

1. 黄金投资形式

（1）保证金。黄金保证金交易是指在黄金买卖业务中，市场参与者不需对所交易的黄金进行全额资金划拨，只需按照黄金交易总额支付一定比例的价款，作为黄金实物交收时的履约保证。目前的世界黄金交易中，既有黄金期货保证金交易，也有黄金现货保证金交易。

（2）黄金期货。黄金期货买卖又称为“定金交易”。是指按一定成交价，在指定时间交割的合约，合约有一定的标准。期货的特征之一，是投资者为能最终购买一定数量的黄金而先存入期货经纪机构的一笔保证金。一般而言，黄金期货购买和销售者都在合同到期日前，出售和购回与先前合同相同数量的合约而平仓，而无须真正交割实金。每笔交易所得利润或亏损，等于两笔相反方向合约的买卖差额，这种买卖方式也是人们通常所称的“炒金”。

（3）黄金基金。黄金基金是黄金投资共同基金的简称，所谓黄金投资共同基金，就是由基金发起人组织成立，由投资人出资认购，基金管理公司负责具体的投资操作，专门以黄金或黄金类衍生交易品种作为投资媒体的一种共同基金，由专家组成的投资委员会管理。黄金基金的投资风险较小、收益比较稳定，与我们熟知的证券投资基金有相同的特点。

（4）黄金期权。期权是买卖双方在未来约定的价位，具有购买一定数量标的的权利而非义务。如果价格走势对期权买卖者有利，会行使其权利而获利。如果价格走势对其不利，则放弃购买的权利，损失只有当时购买期权时的费用。由于黄金期权买卖投资战术比较多并且复杂，不易掌握，所以目前世界上的黄金期权市场不太多。

（5）黄金股票。所谓黄金股票，就是金矿公司向社会公开发行的上市或不上市的股票，所以又可以称为金矿公司股票。由于买卖黄金股票不仅是投资金矿公司，而且还间接投资黄金，因此，这种投资行为比单纯的黄金买卖或股票买卖更为复杂。投资者不仅要关注金矿公司的经营状况，还要对黄金市场的价格走势进行分析。

2. 新手炒金该如何入门

（1）选准黄金选购时机。通常在年底之前，金价会有上涨的空间。因为每年的 8 月中旬至 11 月，黄金市场最大的消费国印度对金饰的需求量大。此外，第四季度适逢西方的感恩节、圣诞节和中国的农历春节等传统黄金需求的旺季。

（2）满仓进入风险大，分批介入实为佳。市场是变幻莫测的，即使有再准确的判断力也容易出错。新手炒金由于缺乏经验，刚开始时投入资金不宜过大，应先积累一些经验再说。如果是炒“纸黄金”的话，建议采取短期小额交易的方式分批介入，每次卖出买进 10 克，只要有一点利差就出手，这种方法虽然有些保守，却很适合新手操作。

（3）炒金有风险，止损止盈不能丢。炒金有风险，因此每次交易前都必须设定好“止损点”和“止盈点”，当你频频获利时，千万不要大意，不要让亏损发生在原已获利的仓位上，面对市场突如其来的反转走势，宁可平仓没有获利，也不要让原已获利的仓位变成亏损。不要让风险超过原已设定的可容忍范围，一旦损失已至原设定的限度，不要犹豫，该平仓就平仓，该“割肉”就“割肉”，一定要控制风险。

黄金投资的两大类

目前国内黄金投资在品种上可分为两大类：

1. 实物黄金的买卖，包括金条、金币、黄金饰品等。其投资保值的特性较强，是追求黄金保值人士的首选。适合有长期投资、收藏和馈赠需求的投资者。

2. 纸黄金，其实就是黄金的纸上交易。投资者无须通过实物的买卖及交收而采用记账方式来投资黄金。由于不涉及实金的交收，交易成本可以更低。

黄金投资的形式多种多样，但是最常见的就是上述两种，也是最近投资中比较热门的两大种类。

（4）选购黄金藏品，稳健投资。黄金原料价格时常波动，黄金藏品的投资价值不断攀升，因为黄金藏品不仅具有黄金的本身价值，而且具有文化价值、纪念价值和收藏价值，对新手而言，黄金藏品的投资比较稳当。

（5）关心时政，捕获信息。国际金价与国际时政密切相关，比如恐怖主义等造成的恐慌、国际原油价格的涨跌、各国中央银行黄金储备政策的变动等。因此，新手炒金一定要多了解一些影响金价的政治因素、经济因素、市场因素等，进而相对准确地分析金价走势，把握大势，才能把握盈利时机。

（6）股市对黄金价的影响。一般来说股市下挫，金价上升。

理财链接

投资“纸黄金”应综合考虑影响价格的诸多因素，尤其要关注美元的“风向标”。

影响黄金价格波动的因素

经典提示

影响黄金价格波动的因素主要有供求关系、美元汇率等方面。

理财困惑

黄金作为一种全球性资产成为投资工具前，古今中外早就因其稀有、耐腐蚀和观赏价值高而成为贵重的奢侈消费品和纪念品。当前，黄金被认为是通货膨胀的克星。但是黄金投资和股票投资一样，要时刻关注行情的变化和走势。黄金本身就是一种商品，国际黄金的价格是以美元定价的。一般情况下，黄金价格的波动，除了受到黄金本身供求关系的影响外，价格变化更为复杂。这些难以预料的因素表现在哪几个方面呢？

理财智慧

1. 国际政局动荡、战争等因素影响黄金价格

战争和政局震荡时期，经济的发展会受到很大的限制。国际上重大的政治、战争事件都将会影响金价。政府为战争或为维持

国内经济的平稳而支付费用，大量投资者转向黄金保值投资。这时，黄金的重要性就淋漓尽致地发挥出来了。

2. 各国黄金储备政策的变动影响黄金价格

各国中央银行黄金储备政策的变动引起的增持或减持黄金储备行动也会影响黄金价格。

3. 世界金融危机影响黄金价格

大金融危机爆发后，所有品种全部暴跌，唯有黄金还在高位震荡。因此，世界金融危机出现时，人们为了保留住自己的金钱纷纷去银行挤兑，银行出现大量的挤兑后导致破产或倒闭。在经济萧条形势下，黄金作为一种重要的储备保值工具，人们开始储备黄金，金价即会有一定程度的上扬。

4. 石油价格波动影响黄金价格

在国际大宗商品市场上，原油是重中之重。原油对于黄金的意义在于，油价的上涨将催生通货膨胀，黄金本身作为通胀之下的保值品，与通货膨胀形影不离。石油价格上涨意味着金价也会随之上涨。一般来说，原油价格的小幅波动对黄金市场的影响不大，当石油价格波动幅度较大时，会极大地影响到黄金生产企业和各国的通货膨胀，因而影响黄金市场的价格趋势。同时，石油和黄金有各自的供求关系，如果在通胀高的情况下，石油跌不一定黄金也跌，因为仅仅石油跌对通胀的影响毕竟有限。所以投资者要全面分析，避免陷入被动。

5. 通货膨胀影响黄金价格

黄金不失为对付通货膨胀的重要手段之一。从长期来看，每年的通胀率若是在正常范围内变化，物价相对较稳定时，其货币的购买能力就越稳定。那么其对金价的波动影响并不大，只有在短期内，物价大幅上升，引起人们的恐慌，货币的单位购买能力下降，持有现金根本没有保障，收取利息也赶不上物价的暴升时，金价才会明显上升。

6. 供求关系影响黄金价格

供求关系是影响黄金价格的基本因素。商品价格的波动主要受市场供需等基本因素的影响，黄金交易是市场经济的产物。地球上的黄金存量、年供应量、新的金矿开采成本等都对供给方面产生影响。黄金的需求与黄金的用途有着直接的关系。

7. 美元走势影响黄金价格

美元虽然没有黄金那样稳定，但是它比黄金的流动性要好得多。因此，美元被认为是第一类的钱，黄金是第二类。一般在黄金市场上有美元涨则金价跌，美元降则金价扬的规律。

通常投资人士在储蓄保本时，取黄金就会舍美元，取美元就会舍黄金。黄金虽然本身不是法定货币，但始终有其价值，不会贬值成废铁。若美元走势强劲，投资美元升值机会大，人们自然会追逐美元。相反，当美元在外汇市场上走弱时，黄金价格就会走强。

世界经济景气状况影响黄金价格

预测金价特别是短期金价，要关注各国政府或机构公布的各项经济数据，如GDP、失业率等。

通常，经济欣欣向荣，人们生活无忧，自然会增强人们投资的欲望，黄金需求上升，金价也会得到一定的上升。

相反，民不聊生，经济萧条时期，人们连基本的物质基础保障都得不到满足时，黄金投资自然不景气，金价必然会下跌。

因此，预测金价特别是短期金价，要关注各国政府或机构公布的各项经济数据，如 GDP、失业率等。

8. 利率调整影响黄金价格

利率调整是政府紧缩或扩张经济的宏观调控手段。利率对金融衍生品的交易影响较大，而对商品期货的影响较小。投资黄金不会获得利息，黄金投资的获利全凭价格上升。对于投机性黄金交易者而言，保证金利息是其在交易过程中的主要成本。在利率偏低时，黄金投资交易成本降低，投资黄金会有一定的益处；但是利率升高时，黄金投资的成本上升，投资者风险增大，相对而言，收取利息会更加吸引人，无利息黄金的投资价值因此下降。特别是美国的利息升高时，美元会被大量吸纳，金价势必受挫。

理财链接

投资黄金，投资者必须具备足够的风险意识、必要的心理准备和相关的基础知识。

黄金理财要避免“猜顶猜底”。

在通货膨胀和灾难面前，黄金就成了一种重要的避险工具。

世界上有哪些主要的黄金市场

经典提示

20 世纪 70 年代以前，世界黄金价格比较稳定，波动不大；金价的大幅波动是 20 世纪 70 年代以后才开始的，特别是近几年来，金价表现出大幅走高后剧烈振荡的态势。

理财困惑

近年来，受美国次贷危机引发的金融海啸的影响，美元持续贬值，地缘政治的不稳定，石油持续涨价等，引发投资者不安，黄金作为最可靠的保值手段，以其能够抵抗通货膨胀的特性迅速在投资地位中攀升。2008 年上半年，国际黄金价格创出超过 1000 美元 / 盎司的历史最高点位，因此，很多人相信黄金投资是继证券、期货、外汇之后又一个新的投资宝藏。的确，到今天还没有任何一种商品能取代黄金的这种特殊功效。从长远的发展角度来看，黄金投资市场开放并与电子商务完美结合，黄金这一崭新又古老稳健的投资品种，将会带来不可估量的财富。那么，你知道当今世界有几大黄金交易市场吗？

理财智慧

1. 世界上最大的黄金交易中心——伦敦

伦敦是世界黄金交易的中心。伦敦黄金市场交易所的会员由具有权威性的五大金商及一些公认为有资格向五大金商购买黄金的公司或商店所组成，然后再由各个加工制造商、商店和公司等连锁组成。交易时由金商根据各自的买盘和卖盘，报出买价和卖价。伦敦没有实际的交易场所，灵活性非常强，采用黄金现货延期交割的交易模式，黄金的重量、纯度都可以选择等，吸引大量的机构和个人投资者参与进来，造就了全球最为活跃的黄金市场。

伦敦金市每天上午和下午对黄金进行定价。由五大金行定出当日的黄金市场价格，该价格一直影响纽约和香港的交易。伦敦黄金市场有两个特点，一是交易制度比较特别，因为伦敦没有实际的交易场所，其交易是通过无形方式——各大金商的销售联络网完成的。二是灵活性强。黄金的纯度、重量等都可以选择，若客户要求在较远的地区交售，金商也会报出运费及保费等，也可按客户要求报出期货价格。

2. 世界黄金现货交易中心——苏黎世

苏黎世黄金市场是在第二次世界大战后发展起来的国际黄金市场，没有正式的组织结构，只是由瑞士三大银行：瑞士银行、瑞士信贷银行和瑞士联合银行负责清算结账。苏黎世黄金市场的金价和伦敦市场的金价一样受到国际市场的重视，在国际黄金市场上的地位仅次于伦敦。

3. 世界黄金期货交易中心——纽约和芝加哥

纽约商品交易所（COMEX）和芝加哥商品交易所（IIMM）既是美国黄金期货交易的中心，也是世界最大的黄金期货交易中心。两大交易所对黄金现货市场的金价影响很大。纽约商品交易所仅为交易者提供一个场所和设施，其本身并不参加期货的买卖，但是它制定了一些法规，保证交易双方在公平和合理的前提下交易。

4. 世界主要的黄金市场之一——香港

中国香港的黄金市场已有90多年的历史，其形成以香港金银贸易场的成立为标志。由于香港黄金市场在时差上刚好填补了纽约、芝加哥市场收市和伦敦开市前的空当，可以连贯亚、欧、美时间形成完整的世界黄金市场。其优越的地理条件引起了欧洲金商的注意，伦敦五大金商、瑞士三大银行等纷纷进港设立分公司。他们将在伦敦交收的黄金买卖活动带到香港，促使香港成为世界主要的黄金市场之一。

5. 中国国内最大的黄金交易平台——上海黄金交易所

上海黄金交易所是由中国人民银行组建，经过国务院批准，在国家工商行政管理局登记注册的，不以营利为目的，实行自律性管理的法人，遵循公开、公平、公正和诚实信用的原则组织黄金、白银、铂等贵金属交易。目前，上海黄金交易所是国内最大的黄金交易平台。无论是从交易成本，还是从市场流动性、市场有效性等来看，上海黄金交易所对个人开放的黄金投资，与国际市场的连贯性等方面都有着极大的优势。上海黄金交易所本身也并不参与市场交易，这样的交易模式只有当市场达到相当高的容量后才具备较高的有效流动性，就目前较一般个人黄金投资与中小机构而言已经足够。

总之，世界各地约有 40 多个黄金市场。黄金市场的供应主要包括：世界各产金国的矿产黄金；一些国家官方机构，如央行黄金储备、国际货币基金组织以及私人抛售的黄金；回收的再生黄金。目前欧洲的黄金市场所在地是伦敦、苏黎世等，美洲的主要集中在纽约，亚洲的在香港。国际黄金市场的主要参与者，可分为国际金商、银行、对冲基金等金融机构、各个法人机构、私人投资者以及在黄金期货交易中有很大作用的经纪公司。

黄金市场是全球连续交易的，24 小时不停歇。以北京时间为准，法兰克福、伦敦于午后先后开盘，揭开金市的序幕，之后纽约也加入进来，而纽约的收盘价格会影响到惠灵顿的开盘价格，悉尼、东京、新加坡也相继开市，它们的收盘价又会影响到法兰克福、伦敦的开盘价格，如此循环往复。

理财链接

黄金投资市场的开放并与电子商务完美结合，使黄金这一崭新又古老稳健的投资品种，带来不可估量的财富。

黄金投资理财的禁忌

经典提示

黄金首饰并非保值升值的最佳品种。

理财困惑

近年来，投资者参与黄金投资的热情高涨。理财师提醒：在当前全球通胀预期加深的背景下，黄金的避险功能被强化，导致黄金需求增加，黄金价格处于高位，因此投资者参与黄金投资须谨慎。

理财智慧

1. 切忌黄金投资在个人投资组合中所占比例过高

黄金属于中长线投资工具，投资者要有长期投资的心理准备，不要过多看短期走势，不要存在侥幸心理。尽管黄金具有避险功能，但是黄金投资回报率较低，黄金投资在个人投资组合中所占比例不宜过高。在我国，对于普通家庭而言，通常情况下黄金占整个家庭资产的比例最好不要超过 20%。只有在黄金预期会大涨

家庭黄金理财不宜投资首饰

对于家庭理财，黄金首饰的投资意义不大。

因为黄金饰品都是经过加工的，商家一般在饰品的款式、工艺上已花费了成本，增加了附加值，因此变现损耗较大，保值功能相对减少。

此外，黄金首饰在日常佩戴中会受到不同程度的磨损，如果将旧金饰品变现时，其价格还要比原分量打折扣。

你这条项链已经磨损了，克数已经减少……

所以说，黄金饰品具有美学价值，主要起到的是装饰作用，并不适宜作为家庭理财的主要投资产品。

的前提下，可以适当提高这个比例。

2. 切忌非专业的黄金投资者频繁短线操作

黄金投资专家表示，实金投资适合长线投资者，投资者必须具备战略性眼光，不管其价格如何变化，不急于变现，不急于盈利，而是长期持有，主要是作为保值和应急之用。对于进取型的投资者，特别是有外汇投资经验的人来说，选择纸黄金投资，则可以利用震荡行情进行“高抛低吸”。

非专业的黄金投资者想通过“短线操作”方式来炒金获利，可能会以失望告终。一些欠缺黄金投资经验的投资者在开盘买入或卖出某种黄金投资标的后，一有盈利就平盘收钱；可是，黄金投资“获利平仓”做起来很容易，但捕捉获利的时机却是一门学问。因此投资者应根据黄金价格走势确定平仓时间，即如果市场形势进一步朝着对自己有利的方向发展，投资者应耐着性子做到“小利不赚”，从而使投资利润延续。

3. 黄金投资忌快进快出

黄金与其他信用投资产品不同，它的价值是天然的，而股票、期货、债券等信用投资产品的价值则是由信用赋予的，具有贬值甚至灭失的风险。在通货膨胀和灾难面前，黄金就成为一种重要的避险工具。黄金价格通常与多数投资品种呈反向运行，在资产组合中加入适当比例的黄金，可以最大限度分散风险，有效抵御资产大幅缩水，甚至可令资产增值。

因此，投资黄金最好是考虑中长期投资，只要知道当前黄金正处于一个大的上升周期中，即使在相对高位买进，甚至被套，也不是什么严重的问题。不过，多数专家认为，介入黄金市场的时机要把握好，最好选择一个相对低的点介入。

4. 切忌通过非法渠道炒金

近年来，一些地下炒金公司利用我国黄金市场的监管盲区，以非法方式大肆敛财，一些投资者因“伦敦金”杠杆交易等非法渠道炒金而遭受巨大经济损失。理财师提醒，投资者在进行黄金投资时应选择受法律保护、有明确政策规范的合法投资渠道，以避免造成投资损失。

目前我国比较安全的黄金投资渠道：一是上海黄金交易所的T+D延期交收业务；二是商业银行提供的纸黄金业务；三是上海期货交易所提供的黄金期货买卖业务；四是商业银行或黄金公司提供的实物黄金业务。

理财链接

黄金被喻为家庭理财的“稳压器”。

谚语：闲钱买黄金。

以股市里短线投机的心态和手法来炒作黄金，很可能难如人愿。

巧妙应对黄金投资的风险

经典提示

风险是无法避免的。

理财困惑

巴菲特说："投资的第一条原则是不要亏损，第二条原则是牢牢记住第一条。"同其他投资产品一样，黄金投资也是有风险的，投资者面对金市这样一个迅速发展并成为热点的理财市场，风险意识显得尤为重要。怎样才能规避黄金投资的风险呢？除要了解其风险特征外，还需采取有效措施真正降低风险。

理财智慧

1. 黄金风险特征

（1）投资风险的广泛性。在黄金投资市场中，从行情分析、投资研究、投资方案、投资决策，到风险控制、账户安全、资金管理、不可抗拒因素导致的风险等，几乎存在于黄金投资的各个环节。

（2）投资风险存在的客观性。投资风险是由不确定的因素作用而形成的，而这些不确定因素是客观存在的，之所以说其具有客观性，是因为它不受主观的控制，不会因为投资者的主观意愿而消失。单独投资者不控制所有投资环节，更无法预期到未来影响黄金价格因素的变化，因此投资的风险性客观存在。

（3）投资风险的相对性。黄金投资的风险是相对于投资者选择的投资品种而言的，投资黄金现货和期货的结果是截然不同的。前者风险小，但收益低；而后者风险大，但收益很高。所以风险不可一概而论，它有很强的相对性。

（4）投资风险的可预见性。投资风险虽然不受投资者的主观控制，却具有一定的可预见性，只要投资者对影响黄金价格的因素进行详细而有效的分析即可。黄金市场价格是由黄金现货供求关系、美元汇率、国际政局、全球通胀压力、全球油价、全球经济增长、各国央行黄金储备增减、黄金交易商买卖等多种力量平衡的结果。形象点说，这是一个有着无数巨人相互对抗、碰撞和博弈的市场，投资者在这里面所要考虑的因素，远远超过股市。

（5）投资风险的可变性。投资风险具有很强的可变性。由于影响黄金价格的因素在发生变化的过程中，会对投资者的资金造成盈利或亏损的影响，并且有可能出现盈利和亏损的反复变化。投资风险会根据客户资金的盈亏增大或减小，但这种风险不会完全消失。和其他投资市场一样，在黄金投资市场，如果没有风险管理意识，就会使资金处于危险的境地，甚至失去盈利的机会。合理的风险管理方式，可以合理有效地调配资金，把损失降到最低，将风险最小化，从而创造更多的获利机会。

（6）要有投资风险的意识。对于收益和风险并存这一点，多数人首先是从一种负面的角度来考虑风险，甚至认为有风险就会发生亏损。正是由于风险具有消极的、负面的不确定因素，使得许多人不敢正视，无法客观地看待和面对投资市场，所以裹足不前。投资者在交易中要知道自己愿意承担多少风险，能够承担多少风险，以及每笔交易应有的回报。

2. 如何真正地降低黄金投资的风险

（1）多元化投资。从市场的角度来看，任何资产或者投资的风险都由两部分组成，一是系统性风险，指宏观的、外部的、不可控制的风险，如利率、现行汇率、通货膨胀、战争冲突等，这些是投资者无法回避的因素，是所有投资者共同面临的风险。这是单个主体无法通过分散化投资消除的。另外一个是非系统风险，是投资者自身产生的风险，有个体差异。多元化投资可以在一定程度上降低非系统化风险，从而降低组合的整体风险水平。一般在黄金投资市场，如果投资者对未来金价走势抱有信心，可以随着金价的下跌而采用越跌越买的方法，不断降低黄金的买入成本，等金价上升后再获利卖出。

（2）采用套期保值进行对冲。套期保值是指购买两种收益率波动的相关系数为负的资产的投资行为，而且，套期保值可以规避包括系统风险在内的全部风险。

（3）建立风险控制制度和流程。投资者自身因素产生的如

降低黄金投资的风险

在投资市场如果没有规避风险的意识，就会使资金出现危机，失去盈利的机会。那么，怎样做才能真正地降低黄金投资的风险？以下几种方式非常值得借鉴：

1. 关心国际国内时政

国际金价与国际时政密切相关，多了解一些影响金价的政治因素、经济因素、市场因素等，进而相对准确地分析金价走势，把握大势才能把握盈利时机。

2. 选准时机，金价也会跟着上涨

每年的8月中旬至11月，黄金市场最大的消费国印度对黄金饰品的需求量加大。

3. 选购黄金藏品

黄金原料价格市场波动，黄金藏品的投资价值不断攀升，因为黄金藏品不仅具有黄金的本身价值，而且具有文化价值、纪念价值和收藏价值。

经营风险、内部控制风险、财务风险等往往是因人员和制度管理不完善引起的，建立系统的风险控制制度和完善管理流程，对于防范人为的道德风险和操作风险有着重要的意义。

（4）树立良好的投资心态。理性操作是投资中的关键。做任何事情都必须拥有一个良好的心态，投资也不例外。心态平和，思路才会比较清晰，面对行情的波动才能够客观地看待和分析，减少情绪慌乱中的盲目操作，降低投资的风险率。并且由于黄金价格波动较小，投资者在投资黄金产品时切忌急功近利，建议培养长期投资的理念。

理财链接

投资者参与黄金市场的过程，就是正确认识风险、学会承担风险，然后对风险进行规避的过程。

在投资市场如果没有规避风险的意识，就会使资金出现危机，失去盈利的机会。